FAO中文出版计划项目丛书

思考食品安全的未来：前瞻报告

联合国粮食及农业组织 编著

常耀光 李 丹 李振兴 译

中国农业出版社
联合国粮食及农业组织
2023 · 北京

引用格式要求：
粮农组织。2023。《思考食品安全的未来：前瞻报告》。中国北京，中国农业出版社。https://doi.org/10.4060/cb8667zh

ISBN 978-92-5-138301-8（粮农组织）
ISBN 978-7-109-31204-3（中国农业出版社）

FAO中文出版计划项目丛书

译审委员会

本书译审名单

翻　译　常耀光　李　丹　李振兴

审　校　常耀光　李　丹　李振兴　何明杰

FOREWORD 前 言

农业粮食体系跨越了农业生产、加工、分销直至食品消费的不同动态和相互关联的阶段，每一步都包含众多流程、价值链、多个利益攸关方及其相互作用。联合国《2030年可持续发展议程》强调，需要建立可持续的粮食生产体系和有韧性的农业实践，以提供健康和负担得起的饮食，并解决贫困问题，保护人权和恢复生态系统。食品安全是这一体系的核心部分。

为了培育在面对经济、社会和环境挑战时具有韧性、可持续与公平的农业粮食体系，人们正在不断努力改造农业粮食体系，以确保不断增长的全球人口能够获得有营养、**安全**和负担得起的粮食。

为实现这一转变，需要前瞻等工具，包括有远见的方法，以确定和把握未来可能出现的、对农业粮食体系产生不同影响的主要全球驱动因素、相关趋势和其他问题。这将有助于更好地做好准备，并有助于制定适当的战略和政策，以利用未来的机遇并管理潜在风险。前瞻还提供了从多部门角度全面看待问题的手段，这是粮食体系一直以来的思维方式。

本书面向广大读者，探讨了通过联合国粮食及农业组织（FAO）食品安全前瞻计划确定的几个跨领域问题。气候变化是我们这个时代的决定性挑战，也会对食品安全产生影响，影响我们的健康和福祉。随着对可持续性的重视程度提高，循环经济的概念在包括粮食和农业在内的各个部门得到了重视。本书以我们这个时代的另一个关键问题——塑料的循环利用为例，讨论了循环经济如何在潜在的食品安全风险之外带来好处。人们越来越意识到自然资源枯竭和食品生产对环境的不利影响，这推动了对新食物来源和不同食品生产方式的探索，例如，可食用昆虫、植物基的肉类替代品和细胞基食品。这类新食品正受到越来越多的关注，因此在认识到它们可能带来的益处的同时，确认其潜在的食品安全风险变得非常重要。随着城市化的快速发展，在城市空间内进行耕作以减少食物从农场到餐桌的距离的做法越来越受到关注。因此，本书讨论了垂直农业等城市内耕作方式的食品安全问题。为确保食品安全主管部门继续制定和执行保证食品供应链安全的标准、准则和政策，必须认识到需要与最新的科学努力保持同步，从技术创新到微生物组领域的进展，这两方面在本书中也有描述。

最后，确保粮食安全、减少贫困和营养不良、避免食品污染问题和管理食源性疾病暴发、保护生物多样性、倡导可持续生产食品和解决动物福利问题的持续驱动将不断抛出新的挑战，并呼唤着创新。这些创新将塑造我们在未来几十年生产和消费粮食的方式。为了应对机遇和挑战，我们需要积极主动地推动具体行动，在以农业粮食体系转型实现可持续发展目标的过程中，进行真正具有前瞻性的变革。

Jamie Morrison

粮农组织粮食体系及食品安全司司长

ACKNOWLEDGEMENTS 致　谢

该书的总体研究、起草和协调工作由粮食体系及食品安全司（ESF）Keya Mukherjee和Vittorio Fattori进行。

感谢粮食体系及食品安全司Jamie Morrison和Markus Lipp在整个过程中提供的指导和支持。

本书的出版得益于FAO内部与外部多名不同背景人士的宝贵贡献。

衷心感谢FAO的同事们起草了以下章节：第7章由粮食体系及食品安全司Carmen Diaz-Amigo和Catherine Bessy撰写；第9章由FAO法律办公室发展法律办公室（LEGN）Carmen bulon和Teemu Viinikainen、粮食体系及食品安全司Cornelia Boesch和Markus Lipp撰写。第4、5章由粮食体系及食品安全司Hana Azuma、Isabella Apruzzese、Masami Takeuchi和Mia Rowan起草，粮食体系及食品安全司Keya Mukherjee和Vittorio Fattori提供了协助。

FAO的几位同事主动审查了与其专业领域有关的章节，并为本书提供了宝贵的技术意见和信息：

粮食体系及食品安全司Angeliki Vlachou、Christine Kopko、Kang Zhou和Markus Lipp、渔业和水产养殖司（NFI）Esther Garrido Gamarro、气候变化、生物多样性和环境办公室（OCB）Federica Matteoli、Giulia Carcasci、Liva Kaugure、Richard Thompson和Zitouni Ould-Dada、植物生产和保护司（NSP）Guido Santini和Makiko Taguchi、农业食品经济司（ESA）Lorenzo Bellu。

FAO衷心感谢以下外部审稿人抽出时间提供有见地的反馈：

Aaron O'Sullivan（达能）、FOCOS有限公司（Bert Popping）、达能（Charlène Lacourt）、荷兰瓦赫宁根大学和研究所（Gijs Kleter）、达能（Jossie Garthoff）、达能（Leo Meunier）、荷兰瓦赫宁根大学和研究所（Mark Sturme）和美国罗格斯大学（William Hallman）。

最后，我们感谢Christin Campbell的编辑，以及Chiara Caproni的设计和排版。

缩略语 ACRONYMS

ADI	每日允许摄入量
AI	人工智能
AIoT	人工智能物联网
AMR	抗微生物药物耐药性
ARfD	急性参考剂量
CDC	疾病控制中心
CSFE	企业战略前瞻演习
DA	软骨藻酸
DLT	分布式账本技术
dw	干重
EAS	电子商品防窃系统
FAO	联合国粮食及农业组织
FBS	胎牛血清
GAP	全球行动计划
GCCP	良好细胞和组织培养实践
GHG	温室气体
GHP	良好卫生规范
GMP	良好生产规范
HACCP	危害分析与关键控制点
IBD	炎症性肠病
IoT	物联网
IMTA	综合多营养水产养殖
iPSCs	诱导多能干细胞
IPCC	联合国政府间气候变化专门委员会
IFAD	国际农业发展基金
JECFA	联合国粮农组织/世界卫生组织联合食品添加剂专家委员会
JMPR	联合国粮农组织/世界卫生组织农药残留物联席会议
kg	千克
LMIC	中低收入国家
ML	最大水平
ml	毫升
MRL	最大残留限量
MUL	最大用量水平
mADI	微生物学每日允许摄入量
μg	微克
mg	毫克
NCFU	英国食品标准局国家食品犯罪调查组
NCD	非传染性疾病
OECD	经济合作与发展组织
OIE	世界动物卫生组织
PAH	多环芳烃
PCBs	多氯联苯
PTWI	暂定每周允许摄入量
PTX	紫杉孢毒素
RFID	射频识别
SDG	可持续发展目标
SMIC	交叉影响系统与矩阵
SWOT	优势、劣势、机会和威胁
TSA	时间序列分析
UNEP	联合国环境规划署
UNFCCC	联合国气候变化框架公约
WFP	世界粮食计划署
WHO	世界卫生组织

EXECUTIVE SUMMARY | 执行概要

在1996年世界粮食首脑会议上，各国元首和政府首脑重申每个人都有权获得安全和营养的食物，这符合获得充足食物的权利和每个人免于饥饿的基本权利（世界粮食首脑会议，1996）。为实现这一承诺，需要改造农业粮食体系，以可持续的方式为所有人提供安全和有营养的食物。FAO战略框架通过构建四个支柱来实现这一转变：更好生产、更好营养、更好环境、更好生活（FAO，2021）。为了“实现我们对更美好世界的共同愿景”（联合国粮食体系首脑会议，2021），并为减轻潜在的冲击和破坏做好更充分的准备，我们需要发展并保持对农业粮食体系未来机遇、挑战与威胁的深刻理解。FAO食品安全前瞻计划旨在积极识别、评估和优先确定可能影响食品安全的农业粮食体系内部及周围的新趋势和驱动因素（图0-1）。这将形成改进的、及时的战略规划，以更好地管理潜在风险，并为抓住新机遇做好准备。

本书探讨了通过FAO食品安全前瞻计划确定的最相关的驱动因素和趋势。本书的导论介绍了所采用的方法，其余部分由描述新兴领域的简报汇编组成。这些简报并不是详尽的评论，而是对感兴趣的主题进行简明扼要的概述，即它们是什么，为什么从食品安全的角度来看它们是重要的，以及如何评估这些方向的发展。一些驱动因素与趋势对食品安全的影响是显而易见的，有一些目前而言可能其影响并不明显。本书中讨论的各种驱动因素和趋势的概述如下。

- 气候变化如气温升高、降水模式改变、极端事件频率增加等，正在破坏我们生产足够营养食物来养活不断增长的全球人口的能力。在本书中，我们概述了气候变化对各种食品安全危害（生物和化学）的多方面影响。加强应对气候变化对食品安全影响的准备工作，不仅有利于粮食安全，还有助于增强农业粮食体系的韧性。
- 如今，消费者行为正在根据多种因素发生变化，例如气候变化、对改善健康的关注（特别是在疫情大流行期间）、对粮食生产对环境可持续性影响的担忧、收入增加等。这些变化正在推动消费者的食品购买和消费习惯发生变化。这种变化还可能伴随着潜在的食品安全风险，需要对其进行评估以保护消费者的健康。本书讨论了消费者需求变化的一些趋势，以及与之相关的食品安全影响。

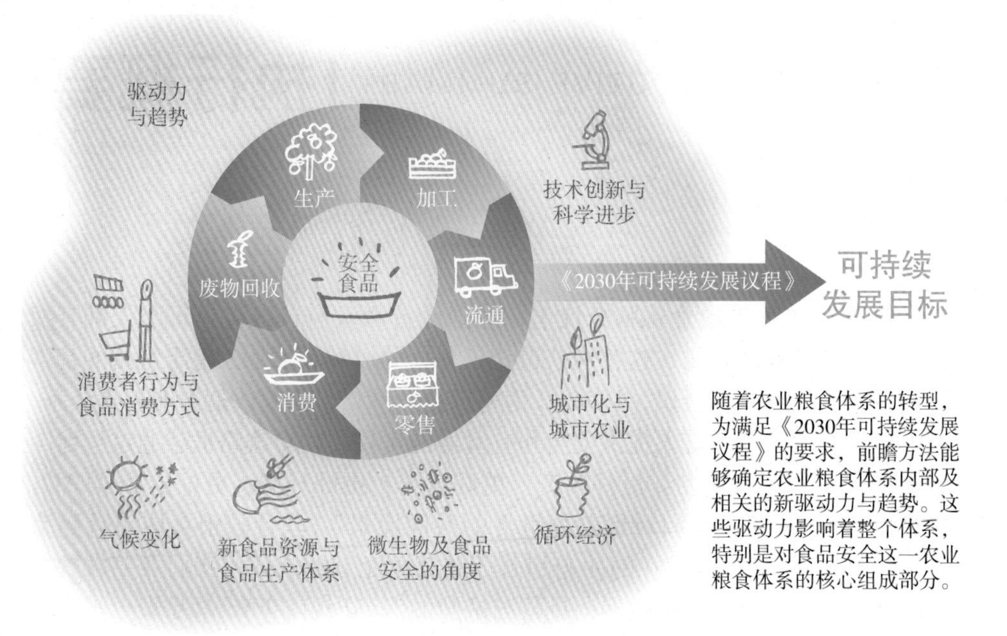

图0-1　与农业粮食体系及食品安全相关的主要驱动力与趋势

- 人们越来越深入地探索新的食物来源和食物生产体系，以实现更好的环境可持续性和营养效益。这里的“新”字适用于最近发现的技术和材料，以及历史上一直在世界特定地区消费但最近在全球零售领域出现的食品。在这方面，本书讨论了以下方面的食品安全影响。
  — 由于许多潜在的营养、环境和经济利益，养殖可食用昆虫作为人类食品和动物饲料在全球引起了相当大的兴趣。同样，在全球范围内，海藻或大型藻类的生产也在增长，特别是在近海将海藻生产与养殖贝类等其他水产养殖活动结合起来的综合生产中。将水母作为高蛋白食物的市场需求预计也将增长。随着这些新的食物来源进入新市场，需要对食品安全危害进行透彻的评估，以确定适当的卫生和制造工艺以及建立相关的监管框架。
  — 随着消费者的饮食习惯慢慢倾向于减少动物性食品，动物性产品如肉、奶、蛋和海产品的植物基替代品越来越受欢迎。本书讨论了植物基替代品中特有的食品安全问题。
  — 以细胞为基础的食品生产技术不断发展，多种方法目前已经得到很好的研究，并且已经足够成熟，可以在世界上一些地区开展生产和商业化。本书讨论了对这一不断发展的领域的关键思考，包括文献中已经确定和记述的几种潜在的食品安全危害。

- 在快速城市化的背景下，面对全球粮食安全问题和城市人口增长，在城市空间种植粮食日益受到关注。虽然城市农业需要在城镇内部及周边地区生产粮食，但在本书中，我们重点关注在城市地区开展的农业活动，即城市农业。从后院花园、社区农场到创新的室内垂直耕作方法（水培、水耕或气培系统），世界上不同地区都有不同规模的商业和非商业的城市农场。本书讨论了城市内农业的一些关键食品安全问题，以及建立针对城市粮食体系的良好治理机制和适当监管框架的必要性。
- 技术创新大大有助于提高检测食品中污染物和协助调查突发事件的能力，改进预测分析以识别潜在风险，并加强食品供应的可追溯性。在食品包装、新技术（如纳米技术）和食品生产新方法（如3D打印）方面，食品部门正在经历快速发展——所有这些都需要从食品安全的角度认真评估它们带来的好处和威胁。自动化、人工智能、大数据和区块链技术的应用有可能在农业粮食体系不断变化的格局中强化食品安全管理，但也可能引发公平获取采用和数据隐私方面的担忧。此外，科学进步也必然会改变食品安全风险评估，国际社会做好准备跟上这一进展对食品安全和贸易至关重要。
- 农业粮食体系和食物链上的微生物群落不是孤立的而是可以相互作用的。人类肠道微生物组暴露于饮食中存在的微生物和化合物。食品添加剂、兽药残留、食品和环境污染物诱导肠道微生物群变化的潜力，以及对宿主健康的任何可能后果，越来越多地被纳入食品安全风险评估的考虑范围。这一领域的新知识也将为是否以及如何修订化学风险评估和监管科学流程的决策提供信息。此外，还有一些具体的担忧，涉及抗微生物药物耐药性（AMR）从食品生物体转移到肠道微生物组，或因暴露于抗生素或低水平兽药残留而导致抗微生物药物耐药性的增加。
- 为了解决食品生产的环境可持续性、自然资源枯竭等问题，循环经济的概念得以推广。与线性经济相反，循环经济强调以系统为基础的方法，包括在闭环系统中对材料进行可持续管理的活动和过程。虽然这一概念为农业粮食体系带来了希望，但在使其适用于食品部门各个领域的应用之前，还需要考虑各种独特的食品安全问题。本书聚焦于塑料在食品行业的利用与再利用，探讨这些具体的食品安全影响。
- 食品欺诈是一个复杂的问题，往往会引起消费者的强烈反应，并可能对食品安全产生潜在影响。虽然目前围绕这一问题的叙述侧重于机会主义者利用农业粮食体系的复杂性以至于食品欺诈案件不断增加的趋势，但关于这一主题的前瞻性简报尝试将讨论重新集中到提高认识和在食品控制体系内建立信任的概念上来。该简报还简要介绍了可用于解决食品欺诈和保持对农业粮食体系信任的监管策略。

为了使越来越多的城市人口能够获得安全和有营养的食品，农业粮食体系必须转型，且这种转型已经部分发生。未来几十年，农业粮食体系如何演变和转型，将对我们的健康和社会经济福祉以及环境产生深远的全球影响。全球管理食品安全的意识与能力需要与这一进程保持一致，以确保不断增长的世界人口有足够的食物。食品安全将继续面临来自农业粮食体系内外的挑战。前瞻工作为主动识别和应对这些挑战以及新出现的机遇提供了一种机制。本书精选了FAO食品安全前瞻性计划确定的新兴关注领域，并以广大读者（从政策制定者、研究人员、食品企业经营者、私营企业到所有消费者）为目标人群，因为食品安全与每个人息息相关。

CONTENTS | 目　录 |

1

导　论

全球人口到2050年将达到97亿（UN，2019），且农业粮食体系要处于地球范围以内（Rockströ等，2020），其养活世界的压力（FAO，2018）从未如此之大。距离实现《2030年可持续发展议程》（UN，2015）还有不到十年的时间，农业粮食体系转型仍然是实现可持续发展目标的核心。然而，粮食供应商、生产商、制造商和零售商在农业粮食体系内的运作环境正在以越来越快的速度变化。全球农业粮食体系是一个复杂的体系，具有众多相互依存和相互联系的特征，包括许多行为者、关系和过程，以及一些难以预测的事件。随着从农场到餐桌的连续过程与各种环境及社会经济因素之间的联系变得越来越紧密，人们要求农业粮食体系迅速发展以应对这一变化。这种快速演变取决于农业粮食体系是否有能力充分预测、接受和适应体系内部和周围的扰动，以及尽量减少农业粮食体系本身对其他体系产生的扰动。所有这些复杂性反过来又会影响当前和未来人口对充足、可负担、安全和营养的食品的长期需求。

简而言之，在世界各地，食品安全是通过粮食供应链中所有相关行为者的共同努力来实现的：国家政府通过制定相关准则和标准，粮食生产者通过采用良好规范，经营者通过遵守法规，以及消费者通过了解安全食品处理规范。这种共同的责任构成了一年一度的“世界食品安全日”口号的基础，“食品安全人人有责”（FAO和WHO，2021）。随着农业粮食体系不断发展并应对各种挑战，比如气候变化、全球化、资源枯竭、不平等加剧、地缘政治不稳定、电子商务等，食品安全需要跟上这些变化的步伐。与食品安全相关的政策、指导方针、标准和法规需要与时俱进或进一步发展，以反映当前体系内不断变化的需求。消除食品安全管理上存在的不足将提高农业粮食体系的效率和韧性，最终有助于实现粮食安全，同时确保全球公共卫生。

为了跟上不断变化的态势，食品安全管理需要从被动应对转变为主动应对。在不断变化的全球背景下，可以利用前瞻等结构化的思考方法更好地了解各种驱动因素和趋势，为迎接未来挑战做好准备，或为抓住机遇铺设路径（插文1）。

插文1　FAO的全组织战略前瞻活动

从20世纪60年代初开始，FAO就对粮食安全和农业前景进行了长期分析，并出版了《关于农业发展的临时象征性世界规划——与世界、区域和国家农业发展有关的因素的综述和分析》（*Provisional indicative world plan for agricultural development-A synthesis and analysis of factors relevant to world, regional and national agricultural development*）（FAO，1969），其中探讨了20世纪70年代全球农业领域将面临的主要问题。此后，FAO继续在更广泛的社会经济和环境背景下研究和分析农业粮食体系的演变，这有助于分析员和决策者了解全球与区域粮食和农业发展情况。

FAO在2017年发布了《粮食和农业的未来：趋势与挑战》（*The future of food and agriculture - Trends and challenges*），旨在加深对农业粮食体系在21世纪面临并将继续面临的挑战的理解。该报告确定了未来实现粮食安全和可持续发展需要考虑的15个全球趋势和10个挑战（FAO，2017）。在该书的基础上，FAO发布了《粮食和农业的未来——实现2050年目标的各种途径》，分析了农业粮食体系未来面临的全球挑战，并通过基于全球社会经济模型的定量前瞻研究，探讨了应对或不应对这些挑战将如何影响农业粮食体系的可持续性（FAO，2018）。

为了分析当前和新出现的挑战和机遇，推动全球农业粮食体系实现《2030年可持续发展议程》，目前一项新的全组织战略前瞻活动（Corporate Strategic Foresight Exercise）正在开展。该全组织战略前瞻活动包括内部专家调查、外部咨询以及FAO各技术部门开展的分析工作。根据全组织战略前瞻活动的调查结果，正在编写《粮食和农业的未来》系列中的旗舰报告。FAO的新战略框架（FAO，2021）是一份纲领性文件，它界定了该组织的工作，并反映了FAO职责领域面临的重大全球和区域挑战，该框架的制定在一定程度上以全组织战略前瞻活动确定的各种社会经济和环境驱动因素（表1-2）为指导。

全组织战略前瞻活动也通过联合国高级别方案委员会的非正式战略框架网络促进整个联合国系统的前瞻研究，提升了FAO内部具体前瞻工作的效果，包括旨在解决全球粮食安全问题的前瞻工作，并为这些工作提供背景。■

表1–1　前瞻的不同定义

定　义	参考文献
前瞻包括“通过改善对长期未来的投入，利用比许多‘未来研究’或长期规划更广泛的社会网络，为决策提供信息的方法”。	Miles等，2002
前瞻是“发明、检查、评估和提出更具可能性、更好未来的行为”。	Bell，2003
前瞻是“通过事后思考、洞察和预测相结合以展望未来的过程”。	Kuosa，2012

什么是前瞻？

虽然在已发表的文献中对前瞻有**各种各样**的定义（表1-1），但简单来说，它包括了对未来采取系统的、中长期的观点，以适当地指导当前决策。

前瞻背后的基本思维过程包括认可多种可能的未来情景的根源存在于当下，其形式是预示潜在变化的微弱和早期迹象。通过系统地收集情报来监测这些迹象，增加了为新机会或挑战做好准备的可能性。因此，前瞻认识到，即使未来从根本上仍然不可预测，但在某种程度上，有可能积极地影响和塑造未来，以预防不希望出现的情况。

农业粮食体系内外的几个因素都可能对潜在食品安全危害的出现产生直接或间接的影响。因此，重要的是在早期阶段识别这些问题，以便及时进行干预，以至防止其发生，即标志着从反应性方法到预测性方法的转变。另一方面，传统的监测和监督方法只能有效识别食品安全领域的直接危害和风险；因此，还需要识别重要的中长期问题，以便为采取有效行动做好准备。

©Shutterstock/Foxys Forest Manufacture

从前瞻的角度来看，需要我们关注的不仅仅是风险或挑战。密切关注可能对食品安全领域产生积极影响的新兴趋势与创新，将确保有充足的时间来权衡利弊，从而在它们成为主流时更好地加以利用。

在食品安全中区分前瞻和早期预警系统的作用非常重要。后者通常着眼于根据气候条件和已知的病媒栖息地分布，以及倾向于依靠季节性或年度性要素发生的其他条件，对事件爆发做出快速反应，有时甚至可以与对爆发时间地点的预测一样快（FAO，2014）。而前瞻使我们能够思考在中长期范围内可能会发生什么，它可能会对我们产生怎样的影响，以及可以提前做些什么来促进资源的优先安排和相关战略的制定，以便在应对未来的威胁或机遇时取得有利的结果。

前瞻方法有哪些？

前瞻不是一种单一的技术，而是不同方法的组合，可以涵盖一系列时间跨度，并且根据手头问题的性质，可以从广泛的利益相关者群体中吸收参与者，如科学界、政府和非政府组织以及私营部门（FAO，2014）。

前瞻方法通常侧重于两个主要方面的成果：理解趋势和不确定性，指导（激励、推动、告知）决策过程以实现预期目标。常用的方法可分为定性、定量或半定量等几类（图1-1）（Popper，2009）：

- 定性方法可用于解释事件和观念。这种解释往往基于主观性或创造性，例如访谈或头脑风暴。这些方法包括远景扫描、专家小组法、会议、研讨会、调查等。
- 定量方法通过使用可靠的统计数据（例如社会经济指标）并生成定量预测来衡量变量和应用算法。这些方法包括标杆管理、建立模型、趋势外推等。

图1-1　各种前瞻方法

资料来源：改编自Popper，2009年，《技术手册——概念与实践》，经爱德华-埃尔加出版有限公司许可，通过剑桥大学出版社转载。

- 半定量方法可以应用数学原理，量化专家和评论员的主观性、理性判断和观点，即对意见或概率进行加权。这些方法包括德尔菲分析（Delphi analysis）、路线规划、利益相关者分析等。

最终，前瞻研究中使用的方法取决于目标问题的特定背景和性质、可用于执行的资源以及预期的结果。有时它是更适合特定目标的一系列方法的组合。

食品安全前瞻方法是如何起作用的？

在食品安全工作的**技术层面**上，最适合目标和有限资源的前瞻方法是基于远景扫描，其定义为“……系统性考察潜在危害、机会以及处于当前思考和规划边缘的未来可能发展”，同时也是一种“可能探索新的和意想不到的问题以及持续存在的问题和趋势”的方法（DEFRA，2002）。

远景扫描方法包括一种探索性方法，其从各种各样的数据源扫描和收集信息，然后对扫描的信息进行优先级排序、分析和分发。简而言之，远景扫描方法包括三个主要步骤（图1-2）。

第一步包括定期监测和确定各种不同来源的相关问题、变化、趋势和发展，如科学文章、媒体报道、各种相关组织（包括联合国和非联合国组织）发表的文件以及社交媒体。远景扫描不仅关注那些如新出现的污染物、监管框架的变化等属于传统的食品安全信息领域，而且与人口动态、不断变化的消费者饮食、可持续性和循环经济等可能对传统食品安全主题有不同程度影响的外部领域相关联，从而形成一种“由外而内”的思维方式。

©Shutterstock/Foxys Forest Manufacture

一个重要的信息来源是FAO内部的各种专业技术知识，涵盖了代表农业粮食体系的各个领域。此外，FAO的独特地位（图1-3）使其具有通过与农业粮食体系各方面来源接触，获得收集和分析信息的独家途径。这些

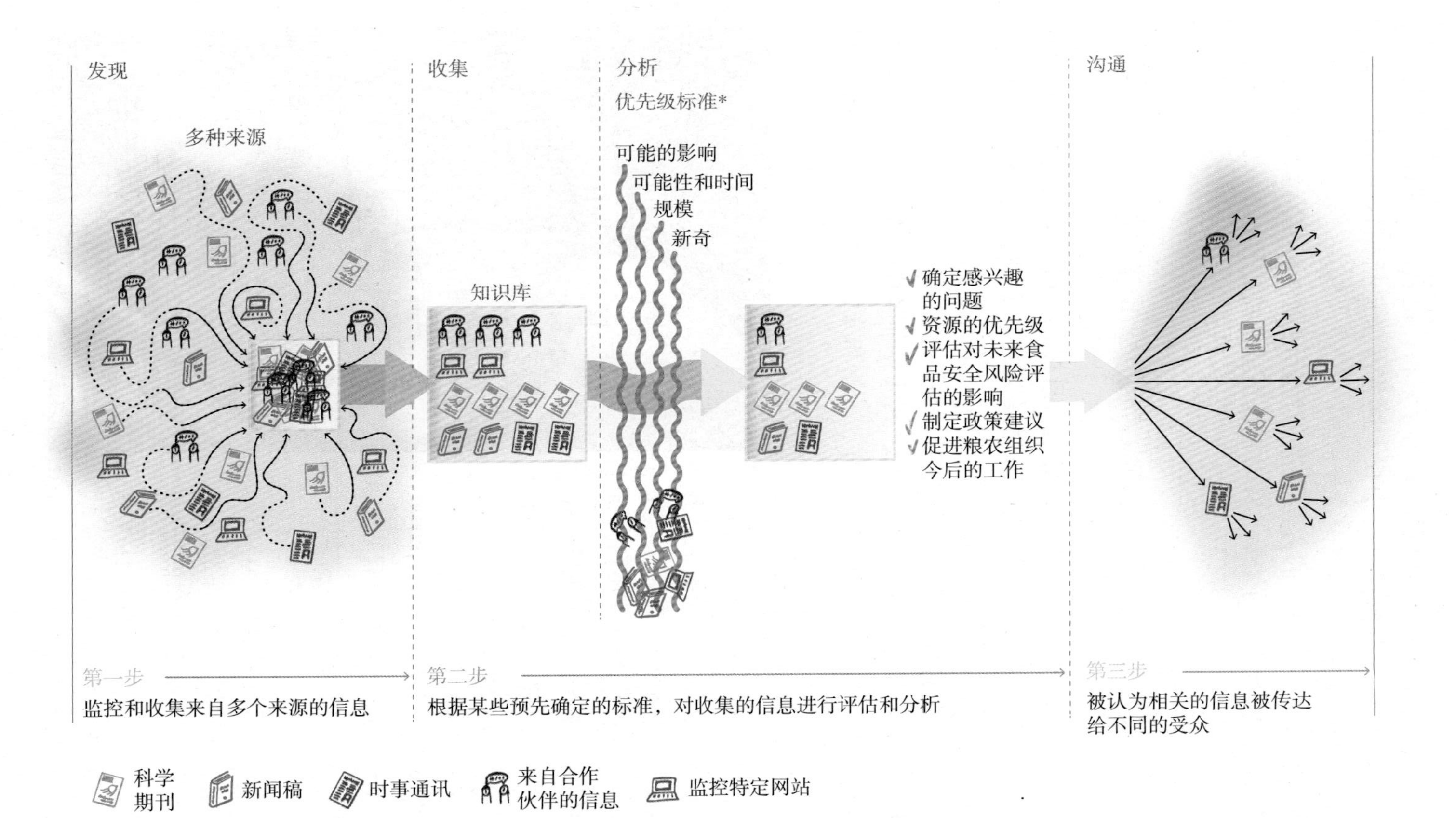

图1-2　视界扫描方法概览

注：请参考图1-4了解更多详细信息。

©Shutterstock/Foxys Forest Manufacture

来源包括国家和区域食品安全主管部门、私营部门利益相关者和学术界。另一个关键来源，同时也是信息接收者，是食品法典系统及其各技术委员会以及区域协调委员会。作为其任务的一部分，区域协调委员会提请注意各国的需求，并强调各自区域新出现的食品安全问题。

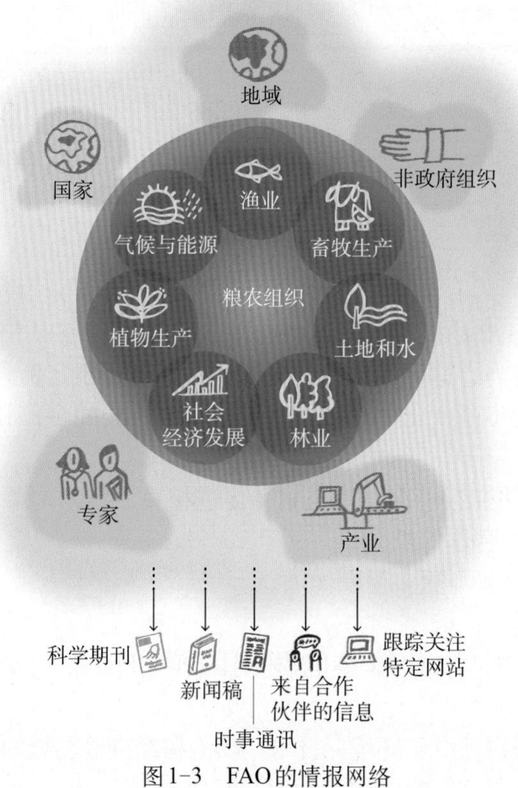

图1-3 FAO的情报网络

一个内部的存储库作为从各种来源收集信息的便利收集点。

第二步通过食品安全团队根据一系列标准定期讨论、评估和解读收集来的信息，比如其新颖性、可能性和影响（图1-4）。优先排序是基于与FAO食品安全工作相关的几个领域。然后，对“过滤”的信息进行进一步分析，以确定FAO在未来食品安全工作中需要监测的关注领域。这些讨论最终导致了扫描过程的简化，并随之出现了某些趋势和驱动因素，下文将对此进行讨论。

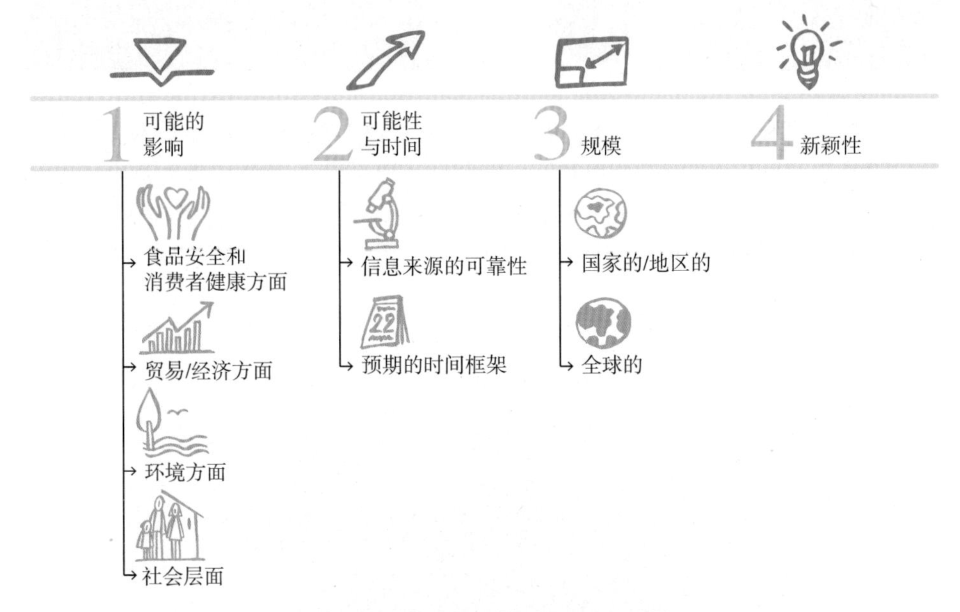

图1-4　对新出现的问题进行优先排序

该过程的第三步是将流程的结果有效地传达给能够从信息中受益的不同受众。如果传播得当，这种信息传递可以使我们通过制定信息充分、可操作的政策，来共同适应不断变化的环境，甚至建立进一步的合作和伙伴关系。前瞻方法的应用包括：

- 向FAO内部网络通报情况，以规划和促进相关工作；
- 提供与外部伙伴合作的机会；
- 通过出版物和报告与更多受众沟通。

农业粮食体系的驱动因素和相关趋势

驱动因素是来自社会、环境、技术、政治和经济等领域的宏观层面的因素。

驱动因素形成的速度可能很慢，但一旦形成，就会引起变化，对一系列部门产生明显的广泛影响，跨越不同的地理区域和不同的时间框架。全组织战略前瞻活动确定了18个相互关联的当下及新兴社会经济与环境驱动因素，如表1-2所示。全球农业粮食体系既促进了这些驱动因素，又受到这些驱动因素的影响。

表1-2 FAO的全组织战略前瞻活动所确定的18个关键驱动因素

A.	系统的（首要的）驱动因素
1.	人口动态和城市化，预计将增加和改变食品需求
2.	经济增长、结构转型和宏观经济前景，在包容性的社会经济转型方面，并不总是能实现预期的结果
3.	各国相互依存，将全球农业粮食体系联系在一起
4.	大数据的产生、控制、使用和所有权，使得农业领域的实时创新技术和决策成为可能
5.	地缘政治不稳定，冲突增加，其中包括资源和能源冲突
6.	不确定性，这种不确定性体现在许多情况下无法预测的突发事件中
B.	直接影响食品获取和生计的驱动因素
7.	城乡贫困，农村贫困或极端贫困人口比例较高
8.	不平等现象，表现为收入不平等、就业机会不平等、性别不平等、资产获取不平等、基本服务不平等以及财政负担不平等
9.	食品价格，按实际价值计算低于20世纪70年代，但高于80年代和90年代，尽管这些价格未能反映食品的全部社会和环境成本
C.	直接影响食品与农业生产和分配过程的驱动因素
10.	创新和科学，包括更具创新性的技术（包括生物技术和数字化）和系统方法（特别是生态农业、保护性农业和有机农业）
11.	对农业粮食体系的公共投资往往不足
12.	食品和农业生产的资本与信息强度正在因生产的机械化和数字化而不断增加
13.	食品与农业投入和产出的市场集中度，对农业粮食体系的恢复力和公平性构成挑战
14.	消费者行为变化导致的消费和营养模式，要求消费者就所吃食物的营养成分和安全性做出复杂的选择，而将消费者需求转向更健康的模式是关键
D.	有关环境系统的驱动因素
15.	包括土地、水、生物多样性和土壤在内的自然资源稀缺和退化
16.	流行病和生态系统退化，由于跨界植物病虫害的上升、农业侵入野生地区和森林、抗微生物药物耐药性、动物产品生产和消费增加，这种趋势未来可能还将加剧
17.	气候变化，包括极端天气以及温度和降雨模式的变化，已经影响到农业粮食体系和自然资源，预计将加剧农村地区的饥饿和贫困
18.	“蓝色经济”与渔业和水产养殖相关的经济活动在全球范围内不断发展，不断出现的权衡取舍要求制定合理的政策，从而将技术、社会和经济解决方案、生产系统生态恢复的准则以及跨部门的利益相关者都纳入农业粮食体系转型的背景中

资料来源：《FAO 2022—2031年战略框架》（FAO，2021）。

前瞻分析的基础角度是识别和评估驱动因素。为了使众多驱动因素缩小到与我们感兴趣的领域（即食品安全）最为相关，我们在本报告中重点关注了几个关键驱动因素。这些因素包括气候变化、资源枯竭与稀缺、人口动态（移民、人口增长、人口老龄化）、创新和技术进步、全球化以及消费者行为的变化。

趋势是驱动因素可识别的表现形式。单个驱动因素也可以被称为趋势，可以认为是该驱动因素在可观察到的过去以及延伸到被计划的将来所遵循的模式。多个驱动因素可以同时导致或影响一个趋势（图1-5）。类似的，多个趋势可以追溯到单个驱动因素。对一段时间内的趋势进行分析，可以对某一领域未来的变革产生重要的启示。例如，通过评估与食用昆虫相关的各种好处和挑战（图1-5）这样一个与新食物来源增长趋势相关的新问题，全球农业粮食体系可以更好地被调整，以将这种新的粮食来源可持续地整合起来[①]。

后续章节将讨论与部分驱动因素及其相关趋势相联系的各种机遇与挑战。

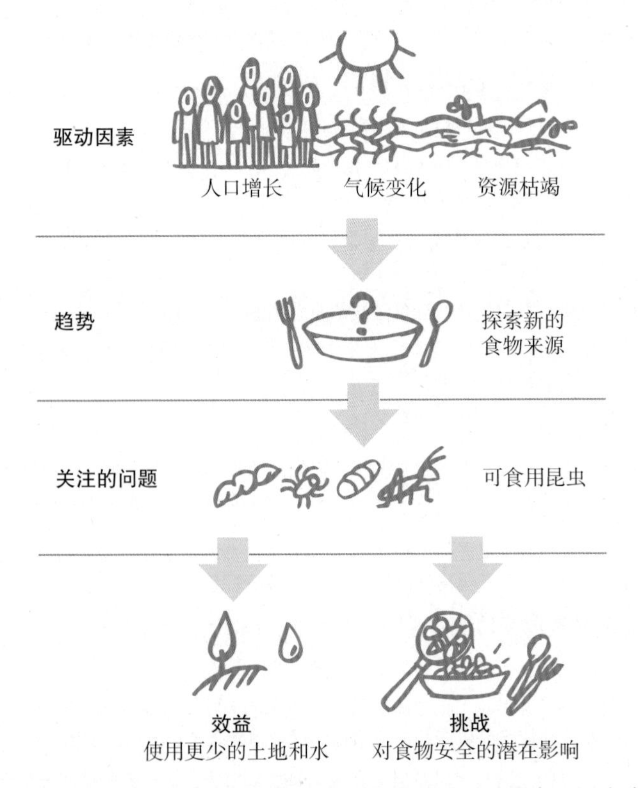

图1-5　本书探讨了驱动因素和趋势之间的关系，以可食用昆虫为例

① 历史上，昆虫一直是人类饮食的一部分，但这种消费只限于全球某些特定地区。目前，人们对这种食物的消费兴趣越来越大，超出了传统消费的范围。因此，在本出版物中，昆虫被归类为“新”食物来源，以反映其不断增长的流行度。

2

气候变化及其食品安全影响

气候变化可能导致农田频繁遭遇洪水泛滥和农作物受损，从而影响食品安全。

“气候变化如全球气温、降水、风型和其他气候指标直接或间接归因于那些改变了全球大气成分的人类活动，加之在可比时期内观测到的自然气候变异性”

《联合国气候变化框架公约》(UNFCCC)，1992年

不可否认，**人类活动**对气候变化产生了重大影响，导致大气、海洋、生物圈和冰冻圈发生大范围变化。其中一些变化不仅规模前所未有，而且预计将在几个世纪至几千年内不可逆转，尤其是对海洋、全球海平面上升和冰盖融化的影响（IPCC，2021）。研究表明全球变暖影响了全球80%的陆地面积，约85%的全球人口居住在此（Callaghan等，2021）。

根据各国最近提交的国家气候行动计划（或国家自主决定的贡献），预计到21世纪末，全球变暖幅度将超过2.7℃（IPCC，2021；UNEP，2021；UNFCCC，2021）。政府间委员会第六次评估报告（2021）指出，大幅减少温室气体排放才能限制人为导致的全球变暖，除非采取影响深远的全球经济减碳措施，否则实现《巴黎协定》将全球变暖限制在1.5℃这一目标将极为困难(IPCC, 2021)。最近的缔约方大会（COP26）上的一项关键进展是对遏制甲烷[①]排放的历史性承诺，共有103个国家签署了《全球甲烷承诺》(UN Climate Change, 2021a)。

目前，全球气温比工业化前升高1.2℃，世界上多个地区的气候变化已经加剧了一系列极端事件，包括热浪、干旱、野火、飓风和洪水的发生，对生态系统、经济和生命造成了前所未有的损失。

气候变化对食品安全的影响是什么?

气候变化导致的**极端事件**正变得越来越频繁、严重和不可预测。此类事件不仅会对农业生产和产量产生不利影响、扰乱供应链，进而影响粮食安全，还会直接影响食品安全。气温升高、严重干旱和暴雨交替、土壤质量退化、海平面上升和海洋酸化等，通过改变食品中的各种生物和化学污染物的毒性、发生和分布对食品产生严重影响。这增加了我们接触食源性危害的风险。此外，食品供应链的快速全球化促进了食源性危害的扩大，并为当地食源性事件演变为国际爆发性事件提供了机会。

① 甲烷在地球大气层中捕获热量的能力被认为是二氧化碳的80倍（Nature，2021）。

不安全的食品不宜食用。充足、可负担、营养和**安全**被认为是食品安全的关键组成部分，在全球人口不断增长和食品需求不断增加的情况下，气候变化将阻碍我们实现食物安全。据估计，约14%的食品在未到达零售阶段或在消费者购买之前的生产阶段就损失了。造成这一巨大损失的部分原因是各种食品污染问题（FAO，2019)，气候变化可为食源性危害的发生和传播提供有利条件，从而加剧了食品损失。

2008年，FAO发表了一份题为《气候变化：对食品安全的影响》的先驱报告，全面概述了气候变化对食品安全的各种影响。随后，FAO认识到越来越多的科学证据将气候变化与可能进入食物链的各种食源性危害联系起来，并于2020年发布了《气候变化：减轻食品安全负担》出版物。通过引用这两份出版物，气候变化对几种选定的食源性危害如食源性病原体、藻华和真菌毒素的影响简述如下。

温度、降水的变化正在影响食源性病原体的地理分布和持久性。在世界不同地区，沙门菌属（*Salmonella* spp.）和弯曲杆菌属（*Campylobacter* spp.）等几种病原体的感染率较高可能与气温升高有关（Kuhn等，2020；Lake，2017)。频繁及严重飓风导致农田反复泛滥，有助于病原体在食物链中的扩散（插文2)。

最近的证据表明，气温上升与人类病原体如大肠杆菌（*Escherichia coli*)、肺炎克雷伯菌（*Klebsiella pneumonia*）和金黄色葡萄球菌（*Staphylococcus aureus*）耐药性增加之间存在潜在关联（MacFadden 等，2018；McGough等，2020)。令人担忧的趋势是，各种食品和水源性病原体如霍乱弧菌（*Vibrio cholerae*)、弯曲杆菌属、单增李斯特菌（*Listeria monocytogenes*)、沙门菌属、大肠杆菌和弓形杆菌（*Arcobacter* sp.）对临床上重要的抗生素表现出越来越多的耐药性，这突显了监测这一问题的重要性（Dengo-Baloi等，2017；Elmali 和Can，2017；Henderson等，2017；Olaim 等，2018；Poirel等，2018；VanPuyvelde等，2019；Wang等，2014；Wang等，2019)。

插文2　水资源供应的变化影响全球食品安全

水是全人类的重要资源。随着气温升高和极端天气事件因气候变化而变得更加频繁、不可预测和严重，全球水循环变化越来越明显（UN Climate Change，2021b）。某些原本潮湿的地方现在容易出现更大且不均匀的降雨，政府间委员会第六次评估报告预测，全球变暖每增加1℃，极端降雨量就会增加7%（IPCC，2021）。一些已经面临水资源短缺的地区现在面临前所未有的干旱状况，研究表明，到21世纪末，面临严重缺水的人口可能会翻一番（Pokhrel等，2021；UN Climate Change，2021b）。此外，在同一地区，特别是在中纬度地区，在短时间内发生持续干旱随后出现极端降雨的模式变得明显（He和Sheffield，2020）。

经常性干旱、降雨过多、海平面上升和其他气候变化引发的情况都会影响淡水资源供应并对农业产生重大影响，并可能危及全球粮食安全以及若干可持续发展目标的实现（FAO、IFAD、UNICEF、WFP和WHO，2021）。随着气候变化加剧以及全球人口增加带来的粮食需求增加，预计这一挑战将变得更加紧迫。

除粮食安全外，水的供应也对食品安全构成风险（FAO，2020）。日益严重的水资源短缺是食品行业面临的一个主要问题，因为这会与其他用水密集型行业产生竞争。如果没有做好充分的准备，缺水可能会影响水的使用模式（如消毒设备）从而影响食品加工中的卫生条件，并影响食源性病原体如单增李斯特菌的传播（Chersich等，2018）。由于水资源短缺，废水的回收越来越受到重视，因此必须采取严格的监测措施，确保水能够满足再利用的安全要求。在飓风等极端事件期间，洪水会污染整个供水系统，减少安全饮用水的获取。它还可以通过压垮公共卫生基础设施，增大由霍乱弧菌引起的霍乱等水传播疾病暴发的风险。农田的淹没可能使作物暴露于致病微生物和重金属等化学污染物中。此外，由于暴露在水中，农作物上可能会出现产生毒素的霉菌（FAO，2020）。过多的降雨会导致径流，而径流会吸收各种有害化学物质，并通过排水污染水资源。例如，农田中的肥料会被冲到水系统中，促进有毒藻类的暴发。■

全球沿海地区和湖泊中有害藻类水华发生频率和持续时间的增加可归因于富营养化、强降水、温度升高和海洋酸化等因素的共同作用。虽然藻类是水生生态系统的自然组成部分，但藻华会阻挡阳光照射其他海洋动植物。当藻类死亡时，分解过程会形成“死亡”或缺氧区，导致水生生物的生存无法得到支撑。某些藻类物种还会产生毒素，这些毒素可在鱼类和贝类体内形成生物累积，并在食用后引起人类的中毒综合征。其中，雪卡毒中毒是由雪卡毒素引起的，而雪卡毒素是由来自冈比亚藻属（*Gambierdiscus*）和福冈属（*Fukuyoa*）的鞭毛藻产生的。雪卡毒素是太平洋区域的一个主要食源性问题，影响整个水生食物链（FAO和WHO，2020）。

真菌毒素是由各种真菌产生的有毒代谢物，污染主要经济作物（如玉米、水稻、花生、高粱等）。温度、相对湿度和害虫对作物的损害等因素影响植物对真菌感染的易感性以及真菌毒素的产生，这些因素易受气候变化影响。较冷的温带地区逐渐变暖有利于农业发展，但农业害虫和有毒真菌物种新的栖息地也随之被开辟。例如，黄曲霉毒素在传统上被认为主要存在于热带地区（如非洲某些地区），现在也存在于其他地区（如地中海）（Chhaya，O'Brien和Cummins，2021）。采后干燥、储存和运输不当会加剧暴露于黄曲霉毒素和赭曲霉毒素A等真菌毒素中的风险。

对于其中一些食源性危害，如真菌毒素和藻类毒素，在以前没有这些食源性疾病史的地区其发病率正在上升。这给受影响地区带来了不利，因为这些地区可能没有完善的监测系统和管理措施来监测和管理这些问题，从而使公共卫生面临风险。此外，食源性疾病常常被漏报，准确估算食源性疾病负担是一项挑战。

未来之路是什么？

重要的是要确保食品供应链和监管体系做更好的准备，以适应日益增长的气候变化对食品安全的影响。广泛的预警系统和强有力的监测和监控措施是预防和控制食源性疾病暴发的重要因素，特别是在较容易受到气候影响的国家。这些系统的成功最终取决于有效的信息传播和与所有相关地区共享数据的透明度。然而，这些系统的有效性在很大程度上取决于收集和分析气候影响信息的能力，而目前对那些首当其冲受到气候影响的地区的研究仍不足（Callaghan等，2021）。需要通过提高易受气候影响国家的研究能力和资金来解决这一“归因差距”。

整合结构化的前瞻体系将为食品安全提供更具预见性的方法，以补充监测和监控措施。前瞻方法将有助于识别和解决因气候变化而加剧的食品安全新问题。为了食品的未来，需要采取积极主动的方法，而不是被动应对气候影响。在做好准备的同时，数字创新推动的供应链可追溯性可在受污染食品成为公共卫生问题之前，对其进行追踪与清除，从而在食品安全方面发挥重要作用。

© Shutterstock/sima

气候变化对全球食品安全的影响本质上是多学科的，这意味着需要采取综合和跨学科的方法统一应对日益严峻的挑战。面对气候变化，地方、国家和全球需要加大参与力度，利用环境、农业和卫生等多个部门的专业知识与资源，换言之，以“同一健康”（One Health）的方式解决食品安全问题，将成为应对气候变化的常态。正如2021年联合国粮食体系峰会重申的那样，粮食农业体系的转型需要更加重视粮食体系内各学科之间的联系，其中包括食品安全与气候变化等生存威胁之间的联系[①]。

① 联合国粮食体系峰会于2021年9月23日举行，https://www.un.org/en/food-systems-summit。

3

不断变化的消费者偏好与食品消费模式

消费者的偏好正在发生变化，并由多种因素决定。

消费者的偏好会随着不同的因素而不断变化。现如今，一些因素如降低环境对食品生产的影响、气候变化、提高健康水平（特别是在疫情期间）、对食物浪费的警惕、对动物福利的关注、收入增加、城市化等（Griffen，2020；Nunes等，2021），都正在推动消费者行为及食物偏好的变化。

食品行业也越来越强调可信性和真实性，消费者希望食品的碳足迹有更大的透明度，也越来越关注采购可靠的食品原料、简化食品标签以及解决对食品安全的担忧（Labelinsight，2016；Macready等，2020；Siegner，2019；Shelke，2020）。尽管新型冠状病毒肺炎不是食品安全问题，但它显著提高了消费者对卫生和食品安全概念的敏感度（Borsellino等，2020；Locas等，2021），如购买、准备和消费食品背后的许多基本行为已经发生了变化(Clayton等，2021)。此外，调查显示，疫情可能也影响了公众对食品部门的信任（EIT Food，2020；Edelman Trust Barometer，2021）。

消费者偏好的变化如何影响食品行业？

世界各地消费者的**食品购买习惯**和消费模式正在发生变化，以应对他们不断变化的偏好和生活方式。本章的目的并不是对所有的趋势进行详尽回顾，而是以食品安全的角度，对其中一些较为相关的趋势进行讨论。随着人们越来越关注更健康的饮食选择和环境的可持续性，人们对植物性食品的兴趣日益增长，且该领域正在迅速扩大，包括肉类、乳制品、鸡蛋和海鲜的一些植物基替代品（第4.3节）。同时，其他的一些替代性食物来源也受到越来越多的关注，如海藻或大型藻类（第4.4节）以及可食用昆虫（第4.1节）。快速的城市化加之对当地和可持续粮食生产的需求导致了城市农业的发展和扩大（第5章）。

伴随着消费者对健康生活及个性化期望需求的增加以及通过技术创新的快速整合，定制化营养行业正在不断发展。其中一个备受关注的领域是营养基因组学[①]，许多公司都尝试利用个人基因组数据来生成量身定制的饮食计划。遗传信息可以帮助指导饮食选择；例如，患有乳糖酶（LCT）基因突变的人应该避免食用乳制品，因为他们消化乳糖有困难。然而，已发表的研究表明，这种方法可能会分散消费者对慢性健康问题如肥胖、癌症、糖尿病等背后其他待考虑因素的注意力，如环境风险因素和生活方式（Camp和Trujillo，2014；Dendup等，2018；Gardner等，2018；Lindsey，2005；Magkos等，2020)。

① 有关个人健康风险概况的遗传信息被用于指导营养建议，反之亦然。

餐包作为一种家庭烹饪的便捷方式，现在越来越受欢迎。

此外，对健康生活的重视和医疗保健成本的上升也促进了功能性食品或营养品行业的增长（Hasler，2002；Mohanty和Singhal，2018；Uthpala等，2020）。虽然功能性食品的定义存在歧义，但消费者普遍认为它们包含可能带来额外健康益处的食品或食品成分，如辅助预防疾病，这超出了维持整体健康的“基础”营养（Berhaupt-Glickstein和Hallman，2015；Clydesdale，2004；Hasler，2002；Marcum，2020）。这类食物的例子包括强化食品、膳食补充剂，甚至可以是含有已知生物活性物质的传统食品。虽然这类食品的健康功效和质量正在推动市场增长，但由于缺乏严格的科学评估，功能性食品对健康有益的说法往往很难得到证实（Aggett，2012；Scrinis，2008）。这使得为这一食品领域制定强有力的监管措施变得更加复杂。然而相关监管措施却是必要的，因为功能性食品往往是为所有年龄段的人设计的且有时需要长期食用。

需要考虑的食品安全影响是什么？

随着饮食模式向富含植物性食物转变，应谨慎避免无意中将过敏原引入饮食中，例如用杏仁奶取代牛奶。这对某些年龄段的人来说十分具有挑战性，婴儿和儿童需要摄入各种食物以获得最佳生长发育所需的足够营养物质(Protudjer和Mikkelsen，2020)。

可能导致过敏反应的其他常见种类的植物性替代品是豆类（大豆、花生、羽扇豆、鹰嘴豆等）和谷物（小麦、黑麦、大麦等）。对豌豆过敏的人也可能对花生敏感，因为豆科内同源蛋白之间存在交叉反应，例如豌豆和花生中都存在豌豆球蛋白的同源蛋白 (Taylor等，2021；Wensing等，2003)。然而，虽然花生是已知的过敏原，但是含有豌豆的产品在市场上被认为是低致敏性的，因而豌豆蛋白浓缩物和豌豆分离蛋白经常作为植物性高蛋白来源添加到各种食物中。而对于那些同时患有严重花生过敏和对豌豆过敏原有交叉反应的人来说，这可能令人担忧。与植物性替代品相关的各种潜在食品安全风险将在第4.3节中详细探讨。

在各种潜在的健康促进益处的推动下，枸杞（*Lycium barbarum*）作为功能性食品（包括生的和干的形式）在北美洲和欧洲国家的受欢迎程度正在上升。枸杞是亚洲的传统食物（Ma等，2019；Potterat，2010；Ye和Jiang，2020）。据文献报道，枸杞中的脂质转移蛋白是一种泛过敏原，是人们对枸杞产生交叉反应和过敏反应的原因（Carnes等，2013；La rramendi等，2012；Salcedo等，2004；Uasuf等，2020）。

随着世界上大麻（*Cannabis sativa*）合法化的地区增加，由大麻或大麻类植物制成的食品的商业供应增加（Bakowska-Barczak，de Larminat和Kolodziejczyk，2020）。有证据表明，大麻受到产毒真菌［曲霉属（*Aspergillus* sp.）和青霉属（*Penicillium* sp.)］、致病菌（沙门菌、大肠杆菌）以及化学危害（重金属和农药）的污染，这引起了人们对此类消费产品安全性的担忧(Montoya等，2020)。

姜黄是一种广泛使用的香料，也越来越多地作为补充剂食用，因为其具有抗氧化、抗炎，甚至可以保护肝脏和肾脏等特性（Shome等，2016)。然而，姜黄中的活性物质即姜黄素的高生物可利用性形式与一些肝脏毒性的案例有关(Lombardi等，2020；Luber等，2019)。可以使用多种方法来增加姜黄素的吸收，例如通过添加胡椒碱（黑胡椒）或使用基于纳米颗粒的输送系统（Donelli等，2020；Lombardi等，2020；Luber等，2019；Shome等，2016)。此外，添加到姜黄中的掺假物也可能导致重金属（铅和铬等）的暴露风险（Forsyth等，2019a；Forsyth等，2019b)。

最近作为应对疫情的策略，维生素C（即抗坏血酸）补充剂的需求急剧上升（Grebow，2021)。这是由目前尚未确定的一些说法造成的，例如将长时间、高剂量的维生素C与身体排毒、增强免疫系统、预防感冒和流感等联系起来(Cerullo等，2020)。而超过每日膳食参考值的维生素C过量摄入，已被证实与肾结石风险增加有关，其主要发生在男性中（Ferraro等，2016；Thomas等，2013)。

© Shutterstock/FHPhoto

越来越多的消费者转向通过在线网站购买食品，这些网站将消费者与餐馆、杂货店或其他零售机构联系起来，疫情被认为是影响这一行为的主要因素之一（Rodriques等，2021）。大量在线订单不仅增加了完成电子订单对基础设施的压力，还需要遵守食品安全最佳实践。邮购食品和餐包越来越受欢迎，新鲜农产品、调味品、动物产品、谷物等用于做成一餐的不同食材被包装在独立的塑料包装中，然后一起装在一个盒子里送到消费者手中，消费者根据盒子里的说明准备餐食。一项研究调查了此类家庭配送餐包的完整性，发现了许多引起食品安全担忧的问题，例如冷链包装不完善、包装放在外面8小时或更长时间、包装破裂导致肉类和即食农产品之间的交叉污染等。研究人员还发现，供应商网站上显示的食品安全信息不充分且往往不准确，这表明消费者可能难以获得相关的食品安全信息（Hallman等，2015）。增加第三方配送服务可能会使这种送货上门的体系进一步复杂化，因为传统的运输公司可能没有足够完备的冷链系统，这可能会在错过或延迟配送的情况下加剧食品安全风险。优先考虑储存、分段运输和配送的温度因素，使用防篡改包装，保持安全处理做法，并采取措施减少交叉污染，在包装上提供正确的烹饪说明，以及利用技术来实施良好的可追溯系统，是确保电子商务时代食品安全的关键。

与食品网购相关的另一个值得关注的问题涉及中间平台的责任及其在食物链中的作用。各国采取了不同的监管解决方案——从承认其特殊作用和责任，到将平台视为食物链中的另一个参与者。

未来之路是什么？

从环境可持续性到健康问题、社会经济等**各种因素**都在影响消费者行为。从营养角度以及潜在的污染物和添加剂角度两方面来看，消费者偏好和消费模式的转变会引发饮食风险的变化。食品安全风险评估是根据危害和暴露量对风险进行量化，这种评估过程要跟得上消费模式的变化，以保持相关性并保护消费者。

互联网已彻底改变了消费者搜索和分享信息的方式，并影响消费者对生活各个领域的看法，从而塑造了消费者的认识和偏好。通过多个不同的信息来源，包括社交媒体和其他在线来源、电视、广播等，消费者的食品安全意识受到食品安全信息可用性和可及性的影响（Rutsaert等，2013；Liu和Ma，2016；Zhang等，2019）。

在线资源可以成为吸引和教育消费者了解食品安全和良好做法的重要工具，例如，了解如何正确阅读标签、如何寻找食品加工的真相，以及如何减少食源性疾病风险等。然而，网络空间也会让消费者接触到大量不准确或“虚假”信息，并助长证实偏差。再加上不平等的加剧及对决策机构的信任下降，会加剧恐慌，造成不必要的粮食浪费，导致食品企业收入损失，并进一步破坏消费者对食品供应商的信任。缺乏正确信息还会造成信息真空，使错误信息泛滥。正确信息和不正确信息之间的距离仅仅是一“键”之隔，消费者可能会发现很难分辨什么是真实的。然而，监测和打击公共领域的错误信息并不简单，因为人们对错误信息的敏感性差异很大（Baptista和Gradim，2020；Pennycook和Rand，2020）。它需要相关机构、私人技术公司和非盈利性组织在传统和社交媒体平台上提供广泛的资源、及时的参与和有效的传播策略，以尽早促进媒体素养，恰当地提供基于证据的知识，引导观众走向可信赖的来源等。

技术创新将继续发挥巨大效用，以跟上由消费者偏好和需求变化所带来的食品领域的变化。例如，通过识别新食品来源中出现的过敏原和污染物，建立适当的标准和创建适当的风险管理方法，对于功能性食品或营养品等新兴行业尤其如此。目前对功能性食品或营养品的风险与益处的了解仍然是缺乏的，这就阻碍了监管框架的协调统一，从而无法指导此类食品的安全应用（Thakkar等，2020）。

4

食物与食品体系

收割小麦。

农业日益发展给我们有限的自然资源施加越来越大的压力。

到2050年，**全球人口**预计将达到97亿，不同地区的增长率预计会有所不同（UN，2019）。为满足日益增长的粮食需求，到2050年，粮食总产量需要比2009年增加约70%（FAO，2009）。然而，迄今为止，粮食生产取得的成果是以对环境造成的破坏为代价的。研究表明，农业会导致气候变化，并对土壤、森林和生态系统的健康产生重大影响（Poore和Nemecek，2018；Ritchie和Roser，2021）。据统计，2015年粮食产业温室气体排放量占总排放量的34%（或每年18亿吨二氧化碳当量）来自我们的粮食产业（Crippa等，2021）。农业也对我们有限的自然资源施加越来越大的压力，全球近一半的耕地和70%的淡水都用于农业（FAO，2017，2020；Ritchie，2019）。另一方面，气候变化导致农作物产量和主要谷物的营养成分的下降，影响我们维持粮食生产的能力（Beach等，2019；MacDiarmid和Whybrow，2019；Sultan等，2019；Zhao等，2017）。Agnolucci等（2020）发现，气温升高将对已经面临粮食不安全情况的国家产生更大的影响。

随着对以上影响的认识日益增长，人们正在努力寻找或创新比传统方式更可持续的新食物来源和食品生产体系，并将其引入主流。提倡改变饮食结构，使之向着增加可持续选择、减少动物性食品消费的方向发展，是减轻环境和动物福利问题以及缓解某些公共健康问题的潜在手段。新食物来源指的是那些没有被广泛消费的食物，要么是因为在历史上世界的某些地区限制了它们的消费，要么是因为它们最近由于技术创新而出现在全球零售领域。在现有法典标准的框架内，它们也被视为新的食物来源（插文3）。新食品生产体系反映了现有食品技术的创新与进步，用于生产一些正在进入主流的新食品。

插文3　在法典水平关于新食物来源和新食品生产体系的讨论

新食物来源和新食品生产体系的主题在食品法典中引起了人们极大的兴趣，最近在食品法典委员会执行委员会（CCEXEC81）和食品法典委员会（CAC44）进行了讨论[①②]。考虑到这些问题的交叉性质，同意在CCEXEC设立一个小组委员会，建立新机制以开始解决这一新兴主题。■

① 第八十一届食品法典委员会执行委员会会议报告。粮农组织/世界卫生组织联合食品标准计划，食品法典委员会，第四十四届会议。

② 新食物来源和生产体系：是否需要对食品法典有关注与指导？粮农组织/世界卫生组织联合食品标准计划，食品法典委员会，第四十四届会议。

© Shutterstock/Vadim Petrakov

后续重点介绍的一些新食物来源包括可食用昆虫、水母、植物性替代品和海藻（或大型藻类）。除此之外，还将介绍一种新的食品生产体系：细胞基食品生产。

4.1 可食用昆虫

几个世纪以来，**昆虫一直是世界不同地区人类饮食的一部分**（Meyer-Rochow，1975），食用昆虫的习惯不仅与营养有关，而且还源于各种社会文化习俗和宗教信仰（FAO，2013）。在本书中，可食用昆虫被归为“新食物来源”。这是因为，虽然它们过去仅在全球特定地区消费，但在当前将昆虫基产品纳入更广泛消费群体的兴趣正在上升，包括昆虫消费并不流行的西方国家。

营养方面，可食用昆虫是蛋白质、膳食纤维、有益脂肪酸以及铁、锌、锰和镁等微量元素的良好来源。然而，昆虫的营养成分往往取决于昆虫的物种（Oibiokpa等，2018；Rumpold和Schlüter，2013）。出售养殖或从野外捕捉的可食用昆虫，可以通过生计多样化为农村社区提供经济来源（Doberman等，2017；FAO，2013；Imathiu，2020）。虽然大多数可食用昆虫是从野外捕获的（Jongema，2017），但是昆虫易于养殖以及人们越来越担心牲畜对环境的影响，用于人类食物和动物饲料的大规模昆虫养殖正在兴起。虽然仅有几个昆虫物种进行了生命周期评估，但与传统畜牧业相比，昆虫养殖通常使用较少的土地和水资源，并且产生较低水平的温室气体，这使其从环境可持续性的角度来看更具有吸引力（Doberman等，2017；Miglietta等，2015；Oonincx和deBoer，2012；Oonincx等，2010；vanHuis和Oonincx，2017）。具有商业价值的昆虫种类包括黑水虻、黄粉虫、小粉虫、蟋蟀、蚱蜢和家蝇。

需要考虑的食品安全影响是什么？

我们必须权衡这个正在发展的饮食行业带来的**好处**和潜在挑战，其中之一是确定食品安全是否影响消费者的健康。与其他食品一样，食用昆虫可能与某些食品安全危害相关，对食品安全危害的全面评估将有助于为该行业制定相应的标准。FAO最近出版的《从食品安全角度审视可食用昆虫——行业的挑战和机遇》(2021）中详细介绍了可食用昆虫的生产和消费对食品安全的重要影响。

一般来说，可食用昆虫的食品安全风险主要包括昆虫种类、昆虫的基质（或饲料）以及昆虫的饲养、捕获、加工、储存和运输方式（EFSA Scientific Committee，2015；EFSA NDA Panel，2021）。从野外捕获并且生食的昆虫可能比在卫生条件下饲养和加工的昆虫有更高的食品安全风险（Garofalo等，2019；Grabowski和Klein，2017；Stoops等，2016）。昆虫的微生物群可能含有食源性病原体，例如产芽孢菌，包括狭义蜡样芽孢杆菌（s.s.）[(*Bacillus cereus* sensu stricto (s.s.)]、沙门菌（*Salmonella* sp.)、弯曲杆菌（*Campylobacter* sp.）等（Belluco等，2013；Osimani等，2017；Vandeweyer等，2020；Wales等，2010）。由于昆虫通常是被整体食用，因此我们需要对具有重要商业意义的昆虫的微生物种群进行更多研究。在使用加工方法（如焯水、干燥或油炸）消除食源性病原体后，食用昆虫的不当处理和不卫生的储存也会导致污染问题。

我们也正在探索能够代替传统基质的替代物，例如食品废弃物、农业副产品甚至畜牧场的粪便，这不仅为了促进经济循环，也是为了降低昆虫养殖的经济成本。然而，由于昆虫的营养成分和安全性取决于饲养的基质，对于任何可能含有的污染物（包括生物和化学污染物），需仔细监测基质的质量和安全性（EFSA Scientific Committee，2015）。在农产品和粪便生长的昆虫中，也可能会发现杀虫剂和抗菌剂的残留（Houbraken等，2016）。食用昆虫中重金属（镉、铅等）的累积取决于多种因素，比如环境污染、昆虫种类、金属类型以及饲养基质（Charlton等，2015；EFSA Scientific Committee，2015；

Greenfield等，2014；van der Fels-Klerx等，2016；Vijver等，2003；Zhang等，2009）。还有其他一些潜在的化学危害，包括阻燃剂、二噁英、杂环芳香胺等，也被发现与多种食用昆虫有关。有关此类污染物的更多详细信息，请参阅FAO的出版物《从食品安全角度审视可食用昆虫——行业的挑战和机遇》（2021）。

关于食用昆虫的致敏性以及加工过程中对致敏性的影响有待进一步研究。对甲壳类动物（小虾、对虾等）过敏的人群可能也更容易对昆虫和昆虫类食品产生过敏反应（Broekman等，2017a；Reese等，1999；Srinroch等，2015）。交叉过敏反应可能是由节肢动物中广泛存在的泛过敏原引起的，例如精氨酸激酶和原肌球蛋白[①]（Belluco等，2013；Leni等，2020；Phiriyangkul等，2015；Ribeiro等，2018；Srinroch等，2015）。此外，来自昆虫的尚不清楚的过敏原可能引发新的过敏，需要进一步研究（Broekman等，2017b；Westerhout等，2019）。

未来之路是什么？

随着人们越来越意识到食品生产对环境的影响，人们**对替代性食物**和饲料**来源的兴趣**逐渐增加，面对不断增长的全球人口，未来需要加大这类食物的生产力度。这推动了食用昆虫行业的发展，而且多个地区正在大规模养殖各种食用昆虫。

食用昆虫能提供一系列益处，即营养、环境和社会经济。然而，要成功地将可食用昆虫纳入我们的粮食体系，需要仔细考虑昆虫来源的食品安全性，其中一些已在FAO（2021）出版物中进行描述。食品安全危害的研究将有助于建立针对昆虫的饲养、加工和销售的卫生规范。国际标准和监管框架的缺乏是建立昆虫和昆虫产品市场的主要瓶颈，而食品安全危害的研究将为制定国际标准和监管框架铺平道路（FAO，2021）。

① 昆虫与甲壳类动物均属于节肢动物。

4.2 水母

水母是海洋无脊椎动物，大量存在于冷暖的海水环境、海岸线和更深的水域中。它们不同于头足类动物（如乌贼、章鱼、墨鱼），属于刺胞动物门，但与珊瑚和海葵相近（Boero，2013）。

水母的聚集是海洋生态系统健康的一个自然表征（Griffin等，2019；Hays等，2018），它们的出现和丰度存在周期性波动（Condon等，2013）。虽然缺乏数据显示全球水母的数量是否在上升（Condon等，2013；Mills，2001；Sanz-Martín等，2016），但过去几十年，某些地区能够观察到水母暴发的数量和水母暴发的持续时间显著增加（Boero，2013；Brotz等，2012；Dong等，2010）。在世界各地，其中一些水母暴发已经出现在它们的传统栖息地之外。

气候变化带来的问题，如海洋变暖、海洋酸化，以及浮游生物数量增加和富营养化导致的氧气耗竭等，都有利于水母种群的增加和地理扩张（Boero，2013；Mills，2001；Purcell等，2007）。过度捕捞消除了海洋中的顶端捕食者（红金枪鱼、剑鱼、海龟）和竞争者，使某些水母种群得以繁荣（Boero，2013；Purcell等，2007）。其他可能与水母大量繁殖[①]有关的因素包括船或洋流引入非本地水母物种，以及海堤、石油钻井平台、码头、海上风电场等人造海岸作为水母的遮荫栖息地[②]（Boero，2013；Purcell等，2007；Vodopivec等，2017）。

在世界各地，水母的大量繁殖导致渔网的堵塞并摧毁养鱼场，给渔业和水产养殖业带来了灾难性的后果（Bosch-Belmar等，2021；Dickie，2018；Siggins，2013；Tucker，2010）。由于水母堵塞海水输送管道，导致瑞典和以色列的发电厂（Kiger，2013；Rinat，2019）和阿曼的海水淡化厂（Vaidya，2003）暂时关闭。水母大量涌入城市热门旅游地点，也影响了沿岸经济和公共卫生（Tucker，2010）。

是什么推动了人们对水母消费的兴趣？

严重的水母暴发形成了一个恶性循环，水母捕食鱼卵和幼虫，并与已经受到过度捕捞影响的鱼群竞争同一食物来源（Boero，2013）。想要通过捕捉水母以消除水母暴发，同时促进可持续渔业多样化的发展以养活日益增长的

① 水母“暴发”为短时间内水母数量的大幅增长。

② 水母的无柄生活阶段。

全球人口，可能需要在全球范围内为水母创造商业市场（EC，2019；Petter，2017；UN Nutrition；2021；Youssef等，2019）。

虽然食用水母可能会让很多人觉得不符合常规，但事实上，在亚洲的一些地方，水母已作为传统美食的一部分被世世代代食用，并因其健康益处而受到重视（Brotz，2016）。可食用水母的碳水化合物和脂质含量往往较低，而以胶原蛋白为主的蛋白质和多种矿物质的含量较高（De Domenico等，2019；Khong等，2016；Leone等，2015）。

虽然一些水母物种对人类有毒，但也有一些是可以安全食用的（Brotz，2016）。日本、马来西亚、韩国和泰国等许多亚洲国家都进行水母捕捞，澳大利亚、阿根廷、纳米比亚、巴林、尼加拉瓜、墨西哥和美国等也有出口产业（Brotz，2016；Brotz等，2017）。2018年，全球捕获的海蜇属生物（*Rhopilema* spp.）和沙海蜇（*Stomolophus meleagris*，炮弹水母）约为30万吨（FAO，2020），但没有关于水母的综合渔获量统计的可靠数据。

需要考虑的食品安全影响是什么？

与其他食品一样，水母也存在一些食品安全隐患，必须考虑到这些隐患才能推动该行业的进一步发展。

微生物危害

新鲜水母在室温下**容易变质**，因此捕获后往往对其进行相对快速的处理加工，这降低了微生物污染的风险。据研究，没有发现与水母相关的食源性病原体（Bonaccorsi等，2020；Raposo等，2018）。然而，对水母相关的菌落多样性的研究表明，存在潜在的致病菌，如弧菌、支原体、伯克霍尔德氏菌和不动杆菌等（Kramar等，2019；Peng等，2021）。这表明水母作为致病菌的载体，可能会影响人类健康以及海洋动物的健康（Basso等，2019）。此外，Bleve等（2019）报道水母中的葡萄球菌含量低，并将这种现象归因于获取水母样品的特定海洋环境中的微生物含量。

化学危害

重金属：海洋环境中污染物的生物累积是水母食品安全的一个问题。Epstein、Templeman和Kingsford（2016）研究了一种水母（*Cassiopea maremetens*）中微量金属的摄入和累积，发现水母在接触经处理的水后24小时内开始积累金属，能够观察到比环境浓度高出18%以上的高浓度铜（Epstein等，2016）。Muñoz-Vera、Castejón和García（2016）进行的另一项研究，评估了位于西班牙东南部的地中海沿岸泻湖中的肺状根口水母（*Rhizostoma pulmo*）对各种微量金属和重金属（铝、钛、铬、锰、铁、镍、铜、锌、镉和铅等）进行生物累积的可能性。联系海水金属浓度来看，这些元素在水母中的生物浓度水平高，尤其是砷（Muñoz-Vera等，2016）。这种风险强调了对水母捕获或繁殖水域进行持续监测的重要性。

藻类毒素：在已发表的文献中，曾报道过一例进食进口水母后的疑似雪卡毒素中毒病例（Zlotnick等，1995），因此还需要进一步研究这一潜在风险（Cuypers等，2006，2007）。目前没有发现食用可食用水母后因海洋毒素而中毒的其他文献报告。

潜在致敏性：研究表明，对甲壳类动物、头足类动物和鱼类有过敏反应史的人可以安全食用水母，不会出现任何不良反应（Amaral等，2018；Raposo等，2018）。大多对食用水母出现过敏反应的案例，发生在之前被这种无脊椎动物蛰过的人的身上（Imamura等，2013；Li等，2017）。然而，也有少数没有被水母蛰伤史的人在食用水母后出现过敏性休克的情况（Okubo等，2015）。水母中导致食用后发生过敏反应的过敏原目前尚未确定。

收获后阶段的其他化学危害：传统的水母加工方法一般使用含明矾的盐水溶液[①]。这个过程会使水母脱水并降低pH，再将水母放置在适宜的温度下，可以延长保质期（Hsieh等，2001；Lin等，2016）。但由于使用明矾，人们会对水母产品中铝的残留量感到担忧（FAO和WHO，2012；Lin等，2016）。一项针对中国香港饮食中铝摄入量的研究发现，即食水母和水母制品中的铝含量很高（Wong等，2010）。尽管食品法典尚未确定铝摄入的最大限量（ML），但一些亚洲国家和地区特别针对水母设定了铝的最大摄入量为100毫克/千克（以干重计）。此外，联合国粮农组织/世界卫生组织联合食品添加剂专家委员会（JECFA）确定铝的暂定每周允许摄入量为每千克体重2毫克，铝（在大多数国家不包括水母）的膳食暴露估计值可能已经超过上述标准（FAO和WHO，2011）。

研究提示，高水平的膳食铝造成了婴幼儿的发育问题、肝损伤、生殖毒性、炎症性肠病以及成人患阿尔茨海默氏病的潜在风险（de Chambrun等，2014；FAO和WHO，2006，2011；Lin等，2016；Tomljenovic，2011；Yokel，2020）。

物理危害

据报道，**水母和其他海洋生物一样**，会从其环境中摄取塑料（宏观、微

① 明矾指的是铝盐，如硫酸铝钾。

水母暴发。

观和纳米），进而促进它们向更高营养级转移，并可能构成物理危害（Costa等，2020；Iliff等，2020，Macali和Bergami，2020；Macali等，2018；Sun等，2017）。虽然微塑料对人类健康的影响仍不甚明了（第6章），但人类经食用水母暴露于微塑料的任何潜在风险都需要通过进一步研究加以探讨。

未来之路是什么？

由于水母产品缺乏市场需求、加工方法不完善、缺乏国家安全和质量标准，**食用水母的消费**在西方国家并不普遍。研究如高温处理等替代加工技术以消除水母产品中的明矾，可以开拓潜在市场（Leone等，2019）。此外，全面评估水母的捕捞、加工和消费相关的食品安全危害将有助于建立卫生与生产规范，并为该行业制定相关的监管框架。

虽然开发这种海洋资源作为食物很诱人，但是要注意，水母的数量每年可能存在极大的变化，这使创造新渔场基础设施的投资变得相当具有挑战性。食用水母的种类很少，因此并不是所有的水母灾害都可以通过捕捞来治理。此外，只有一小部分物种会形成水母灾害。除非有适当的管理策略，专注于少数物种可能并不具有环境可持续性，因为这将增加过度捕捞的概率。例如，具有重要商业价值的赤月水母（*Rhopilema esculentum*）在中国得到了资源增殖，幼年水母在渤海辽东湾被养殖与放生（Dong等，2009，2014）。这是为了应对数量的自然波动以及过度捕捞。此外，必须通过基于生态系统的方法促进对水母的研究（Gibbons和Richardson，2013），以提升对水母暴发的认识与预测模型；实施战略监测和管理计划，将这种资源开发为可持续的食物来源。

4.3 植物基替代品

目前，植物基膳食更多地被人们所采用，这与素食主义、纯素食主义和弹性素食主义[①]的上升趋势相关。各种原因，包括健康、环境问题、动物福利问题和宗教信仰等，都被提及与采用和实践植物基膳食有关 (Cramer等，2017；Sabaté和Soret，2014；Willett等，2019)。

一般来说，植物基膳食的重点是水果、蔬菜、坚果、种子、豆类和全谷物等食用植物源食物。但它也可以包括少量的动物源食物，如乳制品、蛋类、肉类和鱼类。因此，"植物基膳食"的内涵相当广泛。

植物基膳食的增长正在推动植物基替代品行业的进步（插文4）(McClements和Grossmann，2021)。尽管由于多种原因，消费者正在减少对动物基食品的消费，但许多人仍然渴望与动物基食品相似的味道、质地、口感和饱腹感。这导致了模仿动物基食品的味道和消费体验的各种植物基替代品的发展 (McDermott，2021)。植物基乳制品替代品，在本书中称为饮料[②]，和肉类替代品相当受欢迎并在全球各个地区流行，蛋类和海鲜的植物基替代品在开发和市场渗透率方面稍微落后。到2030年，以植物基肉类替代品和饮料为主的植物基膳食的全球零售额预计将达到1 620亿美元，高于2020年的294亿美元 (Elkin，2021)。

在推动植物基替代品行业增长的各种因素中，环境和营养是两个主要原因。下面将讨论与这两个因素相关的一些机遇和挑战。

- 环境方面：畜牧业生产经常因环境污染而受到谴责，包括温室气体排放、景观退化、供水过度使用、潜在的富营养化等（Eshel等，2014)。与畜牧业生产相比，植物基替代品的环境影响被认为是资源密集程度更低的 (Eshel等，2019)。Poore和Nemece的一项2018年的研究表明，生产一杯牛奶所需的土地是种植替代乳制品所需任何植物的9倍，产生的温室气体是其3倍。许多流行的植物基膳食替代品都来自豆类，它们除了营养丰富外，还可以通过固氮作用提高土壤肥力。

然而，牲畜和植物基替代品对环境影响的比较，可能并不总是像人们所描述的那样简单。例如，生命周期分析表明，植物基肉类替代品的环境足迹比饲养场生产的牛肉低，但高于管理良好的牧场饲养的牛肉（vanVliet等，2020)。

---

① 弹性素食者吃植物基食物，同时，他们减少但不完全排除肉类和其他动物产品。

② 在这一领域，有几种植物性"乳制品"可供选择，来自燕麦、杏仁、榛子、大米、豌豆、腰果、马铃薯、椰子等。

- 营养方面：根据已发表的文献，植物基膳食往往与更高的饮食质量和减少慢性代谢疾病的风险有关，这些疾病通常与食用动物源食物有关（Key等，2014；Kim等，2019；Satija等，2016；Tuso等，2013）。

然而，从公共卫生的角度来看，对植物基替代品的营养研究较为有限。van Vliet等（2021）建议，在将植物基替代品等同于相应的动物基食品时要谨慎。从一项代谢组学研究中，他们得出结论，就所提供的营养物质而言，动物基食品（牛肉）和植物基替代品更可能是互补的，而不是可互换的。

由于营养成分的多样性有限，某些植物基饮料并不能成为动物性乳制品的合适替代品（Drewnowski，2021；Ranga和Raghavan，2018；Rizzo等，2016）。对于重点人群，必须考虑到这种不等同性，例如，针对婴幼儿的植物基配方奶粉和营养产品的新兴趋势。此外，在植物基替代品中发现的成分中，铁、锌、镁和钙等必需的矿物质的生物利用度可能较低（Antoine等，2021；Gibson等，2014）。食品加工还可能导致植物基食品中某些营养素和植物化学物的损失。这些因素使得有必要对此类食品进行更多的营养研究。

插文4　通过食品升级换代探索循环经济

据估计，2019年在零售、食品服务和家庭层面**有9.31亿吨食物**被浪费，占可供消费食物总量的17%（UNEP，2021）。目前还有30亿人无法负担健康的饮食（FAO、IFAD、UNICEF、WFP和WHO，2020），解决食物浪费问题非常重要。一些公司，尤其是植物基食物行业的公司，尝试通过将原本不会用于人类消费的低价值食品或加工副产品“升级再造”为新食品来减少食品浪费。

被考虑升级再造的食品，往往是那些在机构或家庭消费层面中剩余的食品，它们在外观上不符合杂货店的标准；或是其他食品生产过程中形成的副产品等。其中一些食品通常用于肥料或用作动物饲料（Zaraska，2021）。取而代之的，根据用于升级再造的食品废弃物的类型，它们最终可以转化为不同的产品，包括蛋白粉、维生素、果酱和果冻、烘焙产品与饮料（Holcomb和Bellmer，2021；Kateman，2021）。某些经济上可行的升级再造食品已经上市，比如奶酪生产中的乳清蛋白被用于制作蛋白粉和健康棒，碾磨过程中剩下的小麦麦麸被添加到早餐麦片中以增加膳食纤维和其他营养成分，等等。

升级再造是食品产业的一个新兴领域。为了给这个领域制定适当的准则和标准，必须了解随之而来的食品安全问题。

某些植物基肉类替代品所含的盐分高于它们所替代的肉类产品（Curtain和Grafenauer，2019；Sha和Xiong，2020）。高钠含量被认为在营养上是不可取的，随着时间的推移，可能会使个人面临更大的心血管问题风险（WHO，2020a）。

植物基替代品的典型成分是什么？

通常用于植物基替代品的**蛋白质来源**包括豆类、坚果、种子、谷物和块茎（Sha和Xiong，2020）。植物蛋白行业中另一个增长的部分是真菌蛋白，它来源于镰刀菌等丝状真菌（Hashempour-Baltork等，2020；Ritala等，2017）。植物基替代品中的膳食脂肪通常来自多种植物产品如菜籽油、可可油、椰子油和葵花籽油等，并通常混合使用，以达到理想的物理化学和营养属性。在植物基肉类替代品中，植物蛋白通过甲基纤维素（在许多食物中用作增稠剂和乳化剂）结合在一起（Sha和Xiong，2020）。

植物基替代品的主要优势之一是可以添加其他物质来调整产品的组成成分，以满足技术、营养、功能需求和消费者的喜好。因此，除了用于赋予颜色、形状和质地的大宗成分和添加剂外，很多产品还倾向于使用维生素与矿物质进行强化，以提高营养含量，以及某些情况下来说明植物基成分与它们要替代的动物性产品之间的营养差异。

需要考虑的食品安全影响是什么？

植物源食物的**食品安全**取决于植物种植使用的土壤、用于农业生产的用品，植物的收获、储存、运输和获得分离蛋白的加工方式，产品的加工和零售，以及食品安全管理措施的实施。

乳制品的植物基替代品。

某些植物基食品中成分多样性往往高于动物基食品，就可能会有更多的食品危害来源。因此，植物基替代品的食品安全具有生物污染和化学污染等多个不同切入点，是一个富于变化的挑战。下面将讨论植物基替代品的一些关键食品安全问题。

微生物危害

植物基食品可能通过接触动物粪便或受污染的水等而被病原体污染（Rubio等，2020）。然而，这些因素并不是植物基食品独有的。植物基肉类替代品的高水分含量和中性pH可以为食源性病原体提供适宜的生长环境（Wild等，2014）。Geeraerts、De Vuyst和Leroy（2020）的一项研究发现，在比利时购买的植物基肉类替代品中清酒乳杆菌和粪肠球菌等腐败菌的数量很高，但低于未煮熟的动物性肉类产品。在挤压后添加非无菌食品成分（McHugh，2019）[1]、不卫生的处理和交叉污染都可能会引入微生物污染，需进一步处理。在贮藏方面，要防止微生物活动的扩散。Wild等（2014）建议，植物基肉类替代品的储存和处理方式应与生肉相似。耐热且形成内生孢子的细菌，如芽孢杆菌和梭菌，能否在挤压或加工植物性替代品的其他方法中存活下来，还需要研究。

植物基食品与动物基食品相比，具有不同的宏量营养素（碳水化合物、脂肪、蛋白质）成分与含量，这使得可能发生的微生物污染的类型和水平具有差异（Floris，2021）。植物基饮料中的多种蛋白质与动物蛋白质在溶解度和对热的反应上存在差异（Floris，2021；Nasrabadi等，2021；Sethi等，2016），这使得用以保证食品安全性的现有加工方式不能很好地适用于植物基食品。在用于消灭有害病原体和减少动物基食品腐败相关微生物的传统灭菌温度下，很多植物蛋白会发生变性，从而影响植物基替代品的味道、质地和营养价值。这需要研究探索不同的加工技术以实现食品安全，同时保持植物基膳食产品的味道和质地不变（Floris，2021）。

化学危害

霉菌毒素：有许多已知的霉菌毒素可能存在于植物来源的食品中（Bennett和Kilch，2003）。存在于原材料如谷物（燕麦、大米）、坚果（杏仁、核桃）、豆类（大豆）中的霉菌毒素可能会转移到终端产品中，例如植物基饮料。Miró-Abella等（2017）分析了几种植物基饮料（大豆、燕麦和大米）中是否存在某些霉菌毒素，如脱氧雪腐镰刀菌烯醇、黄曲霉毒素B_1、黄曲霉毒素B_2、黄曲霉毒素G_1、黄曲霉毒素G_2、赭曲霉毒素A、T-2毒素和玉米赤霉烯酮。他

[1] 在高温和高压条件下进行加工，为植物基替代品创造类似肉类和海鲜的质地。

们发现，所有植物基饮料均对以上霉菌毒素敏感，尽管敏感程度不同（量化范围为0.1 ～ 19微克/升）。在另一项研究中，Hamed等（2017）研究了用于燕麦、大米和大豆植物基膳食饮料中是否存在镰刀菌毒素如伏马菌素B_1和B_2、HT-2毒素、T-2毒素、玉米赤霉烯酮、脱氧雪腐镰刀菌烯醇和镰刀菌烯酮-X等，发现燕麦基饮料最容易受到脱氧雪腐镰刀菌烯醇的污染（191 ～ 270微克/升）。Arroyo-Manzanares等（2019）研究了一些植物基饮料如大豆、大米和燕麦中存在某些新型霉菌毒素，也发现燕麦饮料容易受到恩镰孢菌素和白僵菌毒素的污染。

抗营养素：豆类中天然存在的某些化合物如植酸、蛋白酶抑制剂、凝集素、皂苷等，在饮食中以中高含量存在时，可能会降低关键营养素的生物利用率，并干扰矿物质的吸收（Joshi和Kumar，2015；Petroski和Minich，2020；Rousseau等，2019）。存在于各种植物基食品中的植物雌激素[①]，如异黄酮、木酚素和香豆素，可能会影响内分泌系统（Thompson等，2006），对健康产生不利影响。研究最多的植物雌激素主要是存在于大豆中的异黄酮，如黄豆苷元、染料木黄酮、黄豆黄素（Divi等，1997；Patisaul，2017）。有几种加工技术可用于灭活或降低这些抗营养素的水平（Rousseau等，2019；Samtiya等，2020）。

潜在致敏性：植物基替代品的主要蛋白质来源之一是大豆。虽然对牛奶过敏的人可能更喜欢大豆基的乳制品替代品，但研究表明大豆蛋白可能会引发牛奶过敏者的过敏反应（Sicherer，2005）。Rozenfeld等（2002）的一项研究提示，这是由于牛奶中的酪蛋白与大豆11S球蛋白中的B3多肽之间存在交叉反应。植物基替代品中可能引起严重过敏反应的其他成分还有坚果、豆类和含谷蛋白的谷物。

其他一些过敏原也越来越受到关注，例如荞麦和芝麻。前者在亚洲的消费很广泛，在亚洲以外的地区也变得越来越常见，而后者正在引起国际关注，并将成为第九种需要在食品包装上标注的主要过敏原（Beach，2021；FAO和WHO, 2021；Heffler等，2014）。尽管芝麻并未被认为是重要的蛋白质来源，但人们正在努力研发高蛋白质含量的品种（Ferrer，2021），因此关注这一新兴领域很有必要。乳糜泻是一种以对谷蛋白不耐受为特征的疾病，谷蛋白是某些谷物（例如小麦、大麦、黑麦）中的一种主要蛋白质（Joshi和Kumar，2015）。

植物基蛋白质的一个主要来源是豆类，即青豌豆、大豆、花生、羽扇豆、青豆和其他豆类如鹰嘴豆、扁豆、芸豆等，迄今为止，已经确定了几种豆类的潜在致敏性并进行了特性研究（Cabanillas等，2017；Verma等，2013；

① 植物雌激素是来自植物的化合物，存在于多种多样的食物中。这些化合物与雌激素，即人体中主要的雌性性激素，具有结构相似性，这使得植物雌激素能够与体内的雌激素受体结合，并影响激素代谢。

Villa等，2020）。不同豆类之间的交叉反应率高，对一种豆类过敏的个体对其他豆类表现出敏感性，但不一定对所有豆类都敏感（Kakleas等，2020）。最近，将植物基成分如豌豆浓缩物和豌豆分离蛋白等添加到各种食物中以增加体积和蛋白质水平的趋势，可能会使某些人食用后引起过敏反应（Abrams和Gerstner，2015；Fearn，2021）。对花生过敏的人也可能对豌豆过敏，反之亦然（Morrison，2020；Wensing等，2003）。食品法典委员会将优先过敏原清单作为其《预包装食品标签通用标准》的一部分，该标准基于预先确定的标准，包括全球流行率（FAO和WHO，2018，2021）。各个国家也被鼓励根据各自或国家特定的消费模式和数据，考虑将其他食物过敏原纳入区域优先清单。

关于真菌蛋白潜在致敏性的文献有限，尽管如此，Jacobson和DePorter（2018）分析了自述的真菌蛋白过敏反应，发现有些反应发生在个体首次接触真菌蛋白食品时。Hoff等（2003）的研究表明，通过呼吸作用对霉菌的空气性过敏原如黄色镰刀菌过敏原 Fus c 1过敏的人，在食用基于真菌蛋白的食品时，由于与来自丝状镰刀菌的过敏原蛋白P2的交叉反应，会出现过敏反应。

加工中产生的化学危害：根据肉制品中杂环芳胺、亚硝胺和多环芳烃等化合物的形成机理，He等（2020）提出，在植物基肉类替代品的制造和加工过程中，这些化合物也可能出现。然而，由于植物基肉类替代品的高温加工而产生的有毒化合物还有待研究；例如，缩水甘油酯、2-氯-1,3-丙二醇（2-MCPD）和3-氯-1,2-丙二醇（3-MCPD）可能会出现，它们是食品中的热致污染物（FAO和WHO，2017；GAO等，2019）。某些植物基替代品中出现反式脂肪酸的可能性也需要进一步探究，这些反式脂肪酸是在植物油部分氢化过程中形成的。一些国家已经立法，禁止在食品中使用工业生产的反式脂肪酸（WHO，2020b）。

其他化学危害：农业植物可以从土壤中吸收和积累重金属（Galai等，2021；Zhao和Wang，2019），这可能导致最终产品受到这些化学危害的污染。此外，由于在农业和各种工业中的应用，铊和碲等具有潜在毒性的稀土元素在环境中的浓度逐渐增加。在豆类、谷物、蔬菜等数种植物基食品中也检测到了这些元素，因此有必要进行危害评估和风险评估（National Food Institute – Technical University of Denmark，Doulgeridou等，2020）。还需要开展研究以评估可能与植物基成分相关的其他化学危害，如杀虫剂和抗菌剂残留（Lopez等，2020）。

将大豆豆血红蛋白添加到植物基肉类替代品中以增强产品“肉”，其中的食品安全问题目前正在探索中（Sha和Xiong，2020）。大量摄入来自植物基和动物基食品中的血红素铁与体内铁储存量增加之间的相关性正在被建立，而体内铁储存量的增加会提升2型糖尿病的风险（Bao等，2012）。

未来之路是什么？

尽管了解人类饮食的生态影响以及更广泛的社会经济影响并不像大多数围绕植物与动物的讨论所显示的那样简单，本书还是呈现了一个关于植物基替代品的简报以展现其潜在的益处与挑战，并重点关注与其相关的各种食品安全问题。

对植物基替代品的食品安全考虑，可能与其所替代的动物基食品的食品安全考虑大不相同，因此，任何过渡都需要对食品安全管理流程进行仔细的重新调整。一些公司正尝试将预测建模方法纳入早期产品设计阶段（Floris，2021）。该过程根据加工条件、产品的内在特性以及预期的储存和消费条件，在计算机中进行初步的微生物风险评估（Floris，2021）。真菌毒素和其他化学危害的存在需要采取适当的控制措施，以减少通过这种新的食物来源对化学污染物的暴露。随着植物基膳食的发展，当以前不常食用的食物成为日常膳食前，需要对其中的过敏原有更多认识。虽然大多数植物基替代品含有先前已被批准用于人类消费的成分，但植物基替代品命名的模糊性可能阻碍植物基食品标签等相关准则的制定（Sha和Xiong，2020）。

© Shutterstock/Natalia Klenova

除了食品安全之外，植物基替代品的价格和文化吸引力也是需要考虑的挑战。随着消费者需求的增加，植物基替代品的成本有望降低（Specht，2019）。目前，植物基肉类替代品是为西式饮食（汉堡、鸡块、香肠）量身定制的，而对不同地区传统食品涉足不够，这限制了消费者基群和消费者接受度。

在植物基替代品领域有一些潜在的趋势，例如，混合牛奶（动物乳制品和植物基饮料的结合）、动物基食品和植物基成分的混合（例如动物基肉类与蘑菇相结合）。

虽然所有或部分植物基替代品可能减少食品生产对环境的影响，但它们也可能对农业粮食体系造成一定的破坏，这可能对公共卫生、环境和监管产生重要影响。因此，这一领域的进步需要综合多学科的方法来思考并克服各种挑战。

4.4 海藻

海藻是肉眼可见的、类似植物的光合生物，根据色素沉着可分为三大类：棕色藻类（褐藻）、红色藻类（红藻）和绿色藻类（绿藻）。虽然大多数棕色和红色海藻仅生存于海洋，但绿色海藻主要存在于淡水环境中（FAO，2021）。

长期以来，通过各种食品与非食品的应用，海藻一直是社会经济效益的重要提供者，并为世界各地的粮食安全做出了贡献（插文5）（FAO，2021）。尽管在中国、日本和韩国等多个国家被作为传统食物，但在西方饮食中的应用很大程度上限于手工采集和沿海居民，近年来在健康食品产业的推动下，海藻获得了消费者更广泛的关注（Cherry等，2019）。

插文5　捕鱼社区的生计多样化

世界各地的**捕鱼社区**已经开始感受到过度捕捞以及各种商业鱼类（如鳕鱼）野生种群数量锐减的影响（Meng等，2016）。此外，与气候变化相关的问题，如鱼类物种向两极迁移（Pinsky等，2018）、牡蛎笼因频繁飓风而遭到破坏、牡蛎种子受到海洋酸化破坏、龙虾因海洋变暖而远离沿海地区等（Greenhalgh，2016），也在影响捕鱼社区的生计。这些因素促使人们对生计的多样化更感兴趣，其中包括不需要大量资源就能建立的海藻养殖。

为什么海藻的利用越来越受到关注？

两个关键因素正在推动人们对海藻利用的兴趣日益增长：一是对有营养且可持续的食物来源的高度重视；二是海藻应用的多功能性，除食品和动物饲料之外，还可以应用于制药和化妆品等多个行业。下面将介绍其中的一些益处。

营养特点

- 人类食物和潜在健康效果方面：营养上，海藻含有铁、钙、碘、钾、硒等矿物质和维生素，特别是维生素A、维生素C和维生素B_{12}。海藻也是天然ω-3长链脂肪酸的唯一非鱼类来源。它们还往往富含可溶性膳食纤维，其中一些可能是良好的蛋白质来源（FAO，2018；Gupta和Abu-Ghannam，2011；Wells等，2017）。

- 来自各种海藻的某些生物活性成分被认为具有抗炎、益生元、抗氧化剂等有益健康的特性（Joung等，2017；Yun等，2021）。它们在亚洲也被用作传统药物，例如，一些被用作驱虫药[①]，以及用于治疗碘缺乏症（Ganesan等，2019；Liu等，2012；Moo-Puc等，2008）。
- 动物饲料：研究表明，在牛的日粮中添加海门冬（*Asparagopsis taxiformis*）等海藻可以大幅减少肠道甲烷排放（接近80%）（Kinley等，2020；Roque等，2019，2021）。考虑到海藻的营养成分，海藻可以成为牲畜和水产养殖饲料中可持续和合适的替代成分，这些营养成分表现出物种特异的差异性（Costa等，2021；Kamunde等，2019；Makkar等，2016；Morais等，2020；Wan等，2019）。

可持续性特点

各种各样的海藻不仅生长迅速，它们的种植还不需要肥料，也不会引起土地退化或森林砍伐。此外，海藻还对环境有诸多益处，其中一些益处如下所述。

- 对抗海洋酸化：大型藻类是巨大的二氧化碳池（Duarte等，2017）。据估计，全球海藻每年封存了约2亿吨CO_2，当它们死亡时，大部分被海藻捕获的碳会被运输到海洋深处（Krause-Jensen和Duarte，2016）。这有助于缓冲海洋酸化，海洋酸化是大气CO_2水平上升的结果。虽然这一特性为减缓气候变化提供了机会，但目前无论是养殖的还是天然的海藻，其生长规模都不足以支持在这一方面发挥出全球性作用（Duarte等，2017）。
- 鱼类的栖息地：海藻可以为各种鱼类提供庇护，并有助于维持海洋生物的多样性。海藻和贝类的共培养（插文6）可以充分利用海藻缓冲酸化的潜力，从而促进养殖贝类的壳钙化（Fernández等，2019）。
- 防止富营养化：雨水径流和点源中的大量营养物质，如氮和磷，会导致产生毒素的藻类大量繁殖，这对人类和动物都有有害影响（Anderson等，2002；Heisler等，2008）。海藻可以降低水生系统中的氮和磷浓度（FAO，2003），因此具有处理废水的潜力。
- 该地区污染物的减少：大型藻类可以从环境中积累重金属，因此，可充当生物监测器来测量沿海岸线的污染程度（Morrison等，2008）。还可以通过养殖大型藻类来降低重金属和其他污染物的水平，从而改善沿海生态系统的健康状况。为此目的而种植的海藻不应被用于人类或动物消费。

---

① 具有抗寄生虫功效的药剂。

插文6　将海藻养殖与其他应用集成

与海洋、海湾或河口水产养殖不同，离岸或远海水产养殖的想法已经获得了巨大的吸引力，在巴拿马和墨西哥海岸的养殖场成功养殖了条纹鲈鱼和军曹鱼（Gunther，2018）。然而，人们对远海水产养殖存在许多担忧，如剩余饲料中的过量营养物质以及由此产生的鱼类粪便，导致藻类大量繁殖，包括有毒物种。

解决这些问题的方法之一是种植海藻以补充水产养殖。例如，将海藻生产融入多营养层次综合水产养殖模式中，该养殖模式结合了投喂型水产养殖与采掘型水产养殖，前者包括有鳍鱼和虾，后者包括悬浮摄食物种（贻贝和牡蛎）、大型藻类和沉积摄食物种（海参和海胆）（Buck等，2017）。

除了减少废物外，海藻还为许多可供捕捞食用的鱼类和甲壳类的幼苗提供了安全的育苗地。此外，海藻的存在也阻止了深海拖网捕鱼，从而保护了海底。

远海中的人造结构，如退役的石油钻井平台和离岸风电场，也提供了建立海藻生产区的机会，可采用或不采用多营养层次综合水产养殖。风力涡轮机塔架和石油钻井平台的基座可以作为生产基础设施的锚，并提供保护以防止远海中的恶劣天气。2012年，在风电场内进行了首批离岸海藻养殖试验，生产的海藻用于动物和鱼类饲料以及生物燃料，几个国家也进行了类似的探索（Buck等，2017）。■

其他值得注意的海藻应用包括：

- 食品添加剂和非食品应用（琼脂、卡拉胶和褐藻胶）：
  - 用于纺织、食品和饮料、化工和制药、医疗保健和造纸等众多行业的增稠/乳化剂。
  - 一次性塑料的替代品：海藻提取物正被用来制作可生物堆积的食品包装，以及其他一次性塑料器皿。世界各地的几个公司已经在探索在更大范围内销售其技术的可能性。

海藻是多个地区生计和粮食安全的主要来源。

- 农业：使用海藻及其提取物作为叶面肥料，以提高对真菌和昆虫的抵抗力，并作为土壤营养和水分的来源，这一点越来越引起人们的兴趣（Chojnacka，2012；Vijayaraghavan和Joshi，2015）。还有一项研究是关于如何捕捉氮流失并将其返还给农民用作肥料（Seghetta等，2016）。

海藻产量估算

目前全球海藻的市场价值约56亿美元，主要是用于人类消费（FAO，2020）。海藻的主要市场在亚洲和太平洋地区，但欧洲和北美的需求也在不断增长（FAO，2020）。

全球新鲜海藻供应有两个来源：野生种群和水产养殖（FAO，2018）。在这两者中，水产养殖所占份额较大（表4-1）。2018年，养殖海藻占野生采集和养殖水生藻类总量（3 240万吨）的97.1%（FAO，2020）。

表4-1 世界主要养殖海藻生产商（千吨，以鲜重计）

国家和地区	2005年	2010年	2011年	2012年	2013年	2014年	2015年	2016年	2016年各国占世界总数的百分比（%）
中国	9 446	10 995	11 477	12 752	13 479	13 241	13 835	14 387	47.9
印度尼西亚	911	3 915	5 170	6 515	9 299	10 077	11 269	11 631	38.7
菲律宾	1 339	1 801	1 841	1 751	1558	1 150	1 566	1 405	4.7
韩国	621	902	992	1 022	1131	1 087	1 197	1 351	4.5
朝鲜	444	444	444	444	444	489	489	489	1.6
日本	508	433	350	441	418	374	400	391	1.3
马来西亚	40	208	240	332	269	245	261	206	0.7
坦桑尼亚	77	132	137	157	117	140	179	119	0.4
马达加斯加	1	4	2	1	4	7	15	17	0.1
智利	16	12	15	4	13	13	12	15	0
所罗门群岛	3	7	7	7	12	12	12	11	0
越南	15	18	14	19	14	14	12	10	0
巴布亚新几内亚	0	0	0	1	3	3	4	4	0
基里巴斯	5	5	4	8	2	4	4	4	0
印度	1	4	5	5	5	3	3	3	0
其他	25	14	15	16	13	12	16	8	0
总计	13 450	18 895	20 712	23 475	26 780	27 270	29 275	30 050	

资料来源：《全球海藻生产、贸易和利用状况》（FAO，2018）。

微藻是一种单细胞藻类，世界各地也在进行微藻培养，用于多种不同用途，如膳食补充剂（插文7）、生物活性物质提取、天然食品着色剂、动物饲料等（FAO，2021）。微藻的生产可以在不能用于农业的地区进行，从而使这些非耕地得以利用（Winckelmann等，2015）。微藻培养也可用于废水处理（Molazadeh等，2019；Winckelmann等，2015）。然而，这些应用中有许多还没有充分实现商业化。尽管本章侧重于大型藻类或海藻，对微藻的进一步讨论超出了其范围，但FAO最近的出版物（2021）对微藻这一主题进行了更详细的讨论。

插文7　藻类补充剂中的蓝藻毒素

当微藻用于食品中时，**植物毒素**是一个重要的食品安全考虑因素。含有蓝藻的食品补充剂来源于以螺旋藻和水华束丝藻为主的无毒藻类物种的养殖。然而，这些物种可能与其他有害的蓝藻菌株（微囊藻属）共存，因此，如果这些物种都是从同一自然环境中采集的，则会给补充剂带来潜在的污染问题（ANSES Opinion，2017；Roy Lachapelle等，2017；Testai等，2016）。此外，已发现水华束丝藻会产生神经毒素（Cox等，2005）。■

需要考虑的食品安全影响是什么？

鉴于海藻产量预计将在全球范围内增加（Duarte等，2017）以满足作为营养物质替代来源的日益增长需求，因此需要密切关注可能出现的各种食品安全问题。下面将讨论应考虑的一些关键食品安全危害。

微生物危害

微生物污染可能发生在海藻的生长、栽培、收获、加工和处理以及储存过程中。虽然研究强调沿海海藻可以作为副溶血性弧菌和创伤弧菌种群的宿主，但这些细菌物种对加热和干燥过程相对敏感，因此可能无法在食品加工系统中存活（Mahmud等，2006，2007，2008）。然而，由于海藻可以用于生食，来自这类海洋食源性病原体的微生物风险仍然需要关注。孢子形成病原体（梭状芽孢杆菌属和芽孢杆菌属）引起的潜在风险尚未得到充分探讨。

如果水产养殖场缺乏适当的措施来保持环境卫生，例如浴室和员工洗手设施不足，则可能引起海藻食源性疾病的暴发。养殖场的位置也很重要，例如，养殖场是否位于野生动物保护区附近（Nichols等，2017）。在一些国家，诺如病毒的暴发与海藻消费有关（EFSA，2017；Kusumi等，2017；Park等，2015；Whitworth，2019）。

化学危害

重金属：海藻可以从水生环境中生物积累高浓度的重金属，如铅、镉和汞（Almela等，2006；Chen等，2018；Karthick等，2012；Sartal等，2014）。这些重金属既可以来自人为活动如采矿、石化加工、电子废物、城市垃圾等，也可以来自火山活动等自然原因。消费者可能通过直接消费或间接通过食物链接触到海藻中存在的重金属，例如，食用以海藻为食的鱼类，这些鱼类通过生物积累重金属。有几个因素有助于生物积累的过程：地理位置，特别是靠近污染地区的地理位置；收获的时间，因为新叶可能不像老叶那样含有大量重金属；以及有关海藻物种固有的吸收能力（Duncan等，2014；Larrea-Marin等，2010）。

在海藻中，砷可以以无机形式（As Ⅲ以及As Ⅴ）和有机形式（一甲基砷酸、二甲基砷酸、砷甜菜碱和砷胆碱）存在（Francesconi等，2004；Rose等，2007），前者被认为毒性更大（McSheehy等，2003）。而海洋中砷的典型浓度范围在1～3微克/升，总砷含量（As_T）可比周围水体高1 000～50 000倍。褐藻往往会积累更多的砷，其次是红藻和绿藻（Ma等，2018）。有一些证据表明，对土壤施用海藻基肥料可能会逐渐增加处理后土壤中有机和无机砷的浓度，引发食品安全问题（Castlehouse等，2003）。

收割海藻的妇女。

据报道，供人类食用的海藻中镉的浓度范围从低于检测限（0.001微克/毫升）到9.8毫克/毫升（以干重计）（Banach等，2020）。虽然发现红藻中的镉含量高于褐藻，但汞的情况恰恰相反（Chen等，2018；Banach等，2020）。Squadrone等（2018）报道了一个人类活动频繁的地点中褐藻与绿藻内铅的积累。根据Almela等（2006）的报告，海藻中的铅水平范围为小于0.05毫克/千克至2.44毫克/千克（以干重计）。人类从食用海藻中接触到的铅可以被认为是最少的（FSAI，2020）。

碘含量：碘是哺乳动物的必需矿物质，是甲状腺激素生物合成所必需的。虽然海藻的碘含量因物种而有很大差异，但许多海藻对碘具有显著的生物积累能力（Nitschke和Stengel，2015；Roleda等，2018）。这可能导致海藻的矿物质含量高，有时比陆生蔬菜高100倍（Circuncisão等，2018）。因此，它们被认为是富含碘的食物，根据摄入量的不同，可能导致碘的过量摄入，从而带来潜在的健康风险（EC SCF，2002）。后期加工的方法也会影响碘浓度，从而影响人体暴露（Dominguez-González等，2017；Nitschke和Stengel，2016）。

持久性有机污染物（POPs）：由于海藻的脂质含量很低，因此二噁英和多氯联苯（PCBs）等脂溶性污染物的浓度往往较低（Duinker等，2016）。然而，如果海藻生长在化学污染严重的地区，这类化学物质可能会在海藻体内富集。在裙带菜和昆布等常见食用海藻中曾发现过由于城市焚化炉、发电厂等工业污染而产生的多氯二苯并二噁英等二噁英类物质（Banach等，2020）。此外，据报道，多氯联苯会被一些海藻（如石莼）吸收并富集（Cheney等，2014）。

植物毒素：海藻可能积累海洋毒素（或植物毒素）从而引起食品安全问题。植物毒素是由有害的微藻产生的，这些微藻可能不经意存在于海藻收获的地区。食用海藻上丝状蓝藻的生长以及从海藻中分离出的机会性甲藻产生的毒素，已被标示为新出现的关注问题（EFSA，2017；Monti等，2007）。在气候变化引起的条件下（插文8），如海洋温度上升和海洋酸化，藻华的风险更令人关注。

我们可以发现，一些海洋毒素与海藻是相关的，如海葵毒素、软骨藻酸及其类似物、雪卡毒素和环状亚胺（Banach等，2020）。同样，产生雪卡毒素的冈比毒甲藻（*Gambierdiscus toxicus*）可以与褐藻、红藻和绿藻以附生方式共生（Cruz-Rivera和Villareal，2006；FAO，2004）。包括海藻在内的多种海洋食物都被报道会导致失忆性贝类中毒，而失忆性贝类中毒是由一种强效神经毒素——软骨藻酸引起的（FAO，2004）。

致敏性：Thomas等（2018）确定了食用红藻如皱波角叉菜、掌状红皮藻后的过敏反应。然而，关于海藻蛋白质的致敏能力的信息依然有限。虚拟蛋白质组学分析揭示了石莼属海藻中某些藻类蛋白质如醛缩酶A、硫氧还蛋白h、肌钙蛋白C等的致敏潜力（Polikovsky等，2019）。干海苔（*Porphyra* sp.），具有免疫活性成分（分子质量37ku），与原肌球蛋白的质量相同，原肌球蛋白是一种已知的过敏原，常见于甲壳类动物（Bito、Teng和Watanabe，2017）。此外，海藻是在长线上培育的，可能会接触到包括甲壳类动物在内的污染生物，在美国，贝类过敏原被认为是海藻中的潜在危害（Concepcion等，2020）。

插文8 气候变化——海藻养殖业面临的主要威胁

海藻生产为世界各地的许多沿海社区提供了粮食安全和生计多样化的机会。然而，气候变化对全球海藻行业构成了重大威胁。例如，2015年，印度洋的气温升高加之浅水区的藻类大量繁殖，导致该地区商业上重要的耳突麒麟菜（*Eucheuma cottonii*）产量大幅减少（减少了94%）（Ott，2018）。

气候变化会加剧海藻暴露于某些食品安全危害的风险

Xu等（2019）发现，在模拟未来海洋酸化的条件下生长的海藻积累了更多的碘。海面温度升高并不是碘积累的重要因素。由气候变化导致的全球海洋酸化，带来了食品安全与营养方面的问题。

随着气候变化加剧了导致有害藻华发生的条件，需要进一步研究以确定气候变化如何影响海藻中植物毒素的存在。这对于生长在藻华正在增加的地区的海藻来说尤其如此。

有一些证据表明，在海面温度升高的情况下，某些种类的海藻，如*Fucus spiralis*与泡叶藻（*Ascophyllum nodosum*），对砷的吸收正在加速（Fereshteh等，2007；Klumpp，1980）。考虑到气候变化导致海洋逐渐变暖，这一领域需要密切监测。■

其他化学危害：农药和除草剂等农用化学品可通过农田径流进入海洋环境。监测措施将有助于确定这些化学品是否可以通过沿海海藻养殖场进入食物链。放射性核素可能是经历过核事件的地区收获的海藻的潜在危害，例如2011年日本福岛事件（Banach等，2020）。根据食品法典委员会规定的食品中放射性核素的指导水平，根据具体的放射性核素，限值范围从10贝可/千克至10 000贝可/千克（FAO和WHO，2011）。海藻从海洋环境中积累低水平放射性核素的能力使它们适合用于放射性核素排放的生物监测（Goddard和Jupp，2001）。用于此类目的的海藻不应该用于人类或动物消费。

通过废物处理、污水排放、水产养殖、畜牧业等来源，用于人类和动物的药物进入了海洋环境中。关于海藻中的药用活性化合物的信息依然有限。在

Álvarez-Muñoz等发表的一项研究中（2015），在鲑鱼养殖场网箱附近收集的糖海带（*Saccharina latissima*）和掌状海带（*Laminaria digitata*）存在四种药物活性化合物，阿奇霉素（抗生素）、美托洛尔（β-阻断剂）、普萘洛尔（β-阻断剂）和地西泮（精神药物），它们的含量高于检测限（Álvarez-Muñoz等，2015）。氯霉素、呋喃唑酮和磺胺噻唑可被石莼吸收，其中氯霉素对石莼产生了潜在的生长促进作用（Leston等，2011，2013，2014）。

海藻可以利用氮和氮的衍生物（硝酸盐）进行生物循环。虽然这使它们适合捕捉和集中农业领域的氮径流，但食用某些海藻可能会使消费者暴露在高水平的硝酸盐中（Martin-León等，2021）。目前由JECFA确定的硝酸盐的每日允许摄入量为每日3.7毫克/千克体重（FAO和WHO，2002）。来自各种食物来源的硝酸盐可以在我们体内转化为亚硝酸盐。硝酸盐和亚硝酸盐都可能有助于形成一组被称为亚硝胺的化合物，其中一些是致癌的（Grosse等，2006；Hord等，2009）。目前尚没有立法来监管海藻中硝酸盐的含量。

物理危害

收获的海藻可能会出现小鹅卵石和贝壳碎片等**物理危害**。海藻的加工和包装可能会带来其他危害，如金属碎片或玻璃（Concepcion等，2020）。微塑料和纳米塑料可以附着在水生环境中的海藻上，可能会对食物链造成潜在的物理污染问题（Gutow等，2016；Li等，2020）。然而，这一领域的信息有限，在野生捕捞与养殖海藻中，微塑料和纳米塑料的存在及其对消费者健康的影响仍存在许多知识空白。

未来之路是什么？

如果不彻底评估海藻的食品安全风险，制定法律法规将很困难，特别是在该行业刚刚兴起的地区，从而阻碍了行业发展。虽然已存在海藻全球贸易，但没有专门的食品法典标准或准则针对海藻的食品安全问题。即将出版的FAO出版物（FAO和WHO）概述了关于海藻食品安全危害法规中的一些重大缺口，并对海藻中各种食品安全问题进行了更详细的综述。

提高海藻产量以满足市场需求是该行业面临的一项挑战。目前仍缺乏工业规模海藻养殖对环境影响的长期数据。需要平衡海藻生产的潜在收益与环境风险，以确保不超过接收环境的承载能力。此外，必须极其小心，不要在一个地区引入非本地物种，因为这可能会影响当地的生物多样性。对海藻养殖实施“同一健康”的方法，将支持该行业的进一步发展，同时确保可持续生产并减少潜在缺陷（Bizzaro等，2022）。

4.5 细胞基食品

世界开始认识到将当前的农业粮食体系向更可持续、更环保转变的重要性，与此同时，全球消费者对动物性食品的需求也在增加（FAO，2018）。强化畜牧生产可能与可持续发展目标形成矛盾，需要在环境方面、粮食安全和动物福利等方面权衡考虑（FAO，2020；Henchion等，2021；OECD和FAO，2021）。新技术提供了一种潜在的替代方案：在不需要大规模养殖和屠宰的情况下生产陆地和水生动物。

1932年，温斯顿·丘吉尔（Winston Churchill）说："我们将摆脱为了吃鸡胸或鸡翅而饲养整只鸡的荒谬做法，通过在合适的培养基下分别生长这些部分（Churchill，1932)。"经过几十年的研究和发展，现在技术已经成熟，他的想法也变成了现实。生产可以通过体外培养动物细胞，然后加工成产品，其成分可以相当于传统的动物产品，而不需要整个动物（Kadim等，2015；Post，2014)。

自21世纪初起步，基于细胞的食品生产方法已经得到了良好的研究，这意味着现在已经做好了从实验室转移到生产设施的准备。2013年，第一个通过该技术生产的牛肉汉堡呈现在世人面前（Jha，2013)。2020年12月，新加坡主管当局批准了第一批基于细胞的鸡块。截至2021年11月，全球至少有76家公司在开发类似产品（Byrne，2021)。许多类型的产品和商品，如各种类型的肉类、家禽、鱼类、水产品、乳制品和蛋类，都在为未来的商业化做准备。

术语与定义

各种术语目前正在使用中（插文9)，但还没有国际统一的术语来表示这类食品或生产过程（Ong等，2020)。例如，有人将肉类类似物称为"培养的"（cultured)、"细胞基"（cell-based）或"培育的"（cultivated）肉类。产品营销人员可能称其为"无动物的"（animal-free)、"洁净的"（clean）或"无屠宰"（slaughter-free）肉。在不设定优先级的情况下，使用术语"细胞基"。有些人可能将整个技术定义为"细胞农业"（cellular agriculture）或"细胞培养"（cell-culturing)。这些术语缺乏明确的定义，造成了潜在的混淆。对于国家政府部门而言，最有效的术语使用应该是：①透明地代表产品；②为食品标签提供信息，明确地向消费者传达，通过新技术生产的产品不同于他们可能已经熟悉的传统产品，但也含有相同的潜在过敏原；③既不贬低也不产生消费者反应（Hallman和Hallman，2020)。

插文9　用于细胞基食品的一些修饰词或形容词术语

- 无动物的（animal-free）
- 人工的（artificial）
- 细胞基（cell-based）
- 细胞培养的（cell-cultured）
- 细胞的（cellular）
- 洁净的（clean）
- 无屠宰的（cruelty-free）
- 培育的（cultivated）
- 培养的（cultured）
- 体外的（in vitro）
- 实验室生长的（lab-grown）
- 无屠宰的（slaughter-free）
- 合成的（synthetic）
- 试管（test tube）
- 培养液中生长的（vat-grown）

需要考虑的食品安全影响是什么？

生产概况和危害/问题对应

当新技术应用于食品生产过程时，**食品安全是最重要的问题之一**。在风险分析范式中，安全评估的第一步是危险识别，可以在生产步骤之后进行。对于细胞基食品的生产，方法和生产步骤可根据公司、所需的最终产品、制造设施和设备而有很大差异。为了说明指示性食品安全危害识别流程，插文10中给出了生产步骤的一般概述，表4-2列出了细胞基食品生产过程中潜在危险/问题的对应（表4-2）。

插文10　细胞基食品生产的概述

（1）从源动物中选择细胞

（2）生产：允许步骤（1）中选择的细胞在生物反应器中增殖；细胞能以3D结构组织固定在微载体或支架上。

a. 细胞制备

b. 细胞增殖

c. 细胞分化

（3）收获产品

（4）食品加工：收获的产品可以进一步加工，以使其成形为期望的形式或与其他成分组合，以实现商业化。■

表4-2 细胞基食品生产过程中潜在危险/问题的对应

	人畜共患传染病的传播	残留和副产物	新投入*	微生物污染
细胞选择	×	×		×
生产	×	×	×	×
收获		×		×
食品加工		×	×	×

* 新投入意味着添加了常规食品生产中通常未使用的步骤、材料、技术（即支架或修饰的细胞特性）。

潜在的食品安全危害/问题

细胞系来源：所需的起始细胞系通常来自选择的活的或被屠宰的动物，然后进行细胞分离。一种常见的替代方法是使用诱导多能干细胞（iPSCs），这是一种可分化为任何类型细胞的重编程成体细胞（Takahashi和Yamanaka，2006）。虽然自iPSCs被发现以来，已经在小鼠中进行了充分的研究，但鸡等各种畜禽动物细胞的分化方案仍不明确（Post等，2020）。

细胞基食品的生产与传统牲畜生产相比，人畜共患感染病和食源性疾病的发生机会大大减少（Treich，2021），但必须考虑在培养基中使用动物血清可能会引入病毒、细菌、寄生虫和朊病毒等病原体（Hadi和Brightwell，2021；Ong等，2021）。然而，通过仔细监测在早期发现细胞感染，可以极大地限制这种危害。此外，与任何食品生产过程一样，在整个生产过程中遵循良好卫生规范至关重要。

整个细胞基食品生产可以在良好控制的环境中进行，而没有粪便或外部污染风险（Chriki和Hocquette，2020）。然而，在某些生产步骤中仍可能使用抗生素。因此，残留物可能作为抗微生物残留存在于最终产品中(Agmas和Adugna，2018)。

生长培养基的成分：基于动物血清的培养基，特别是含有胎牛血清的培养基，是目前最常见的选择（Hadi和Brightwell，2021；Post，2012；Post等，2020）；它们可能会带来较高的微生物污染风险（Chriki和Hocquette，2020）。可以通过适当监测关键病原体来管理和控制此类危害（Specht等，2018）。此外，为了克服对胎牛血清的担忧，人们在开发无动物血清培养基方面做出了大量努力，目前至少含有100种不同的培养基配方可用（Andreassen等，2020）。

黏附表面：为了使细胞增大并产生肌肉纤维，它们被附着在三维支架上，从而对细胞进行物理锻炼。支架可以是合成的，也可以是由可食用材料制成的，后者可能更可取，因为它们不必从最终产品中去除（Allan等，2021；Campuzano等，2020；MacQueen等，2019）。目前并不知晓在细胞基食品生产中用作支架的大多数生物材料在食用后是否会引起过敏反应。需要谨慎注意，以确保不会无意中引入来源于已知过敏源的材料。例如，甲壳素或壳聚糖可能会引发对甲壳类动物过敏的人的过敏反应。

物理化学性质的变化：为了获得指数级细胞生长和最佳细胞密度，不断传代培养起始细胞系（Masters和Stacey，2007）。与所有允许繁殖多代的细胞系一样，可能存在遗传或表观遗传漂移的风险，这需要适当地监测（Ong等，2021）。

冷冻保护剂：冷冻保护剂如菊粉和山梨醇可用于细胞储存（Elliot等，2017）。必须注意，在最终产品中冷冻保护剂的残留不要达到可能对消费者造成风险的浓度（MacDonald和Lanier，1997；Savini等，2010）。

整个过程中的微生物污染：与所有食品加工和发酵技术一样，操作的清洁、持续监测及严格遵守良好卫生规范和良好生产规范对于避免微生物污染至关重要，因为微生物污染可能发生在生产过程的任何步骤。危害分析与关键控制点（HACCP）体系的应用也被认为是有效的。

最终产品的食品安全评估

FAO，与世界卫生组织（WHO）一起，根据既定的原则和准则，为国际食品标准制定机构食品法典委员会提供科学建议，如化学添加剂、残留物和污染物等单个物质的风险评估（FAO，2021a）、微生物风险评估（FAO，2021b）和全食品安全评估（FAO和WHO，2011）。分子特征、生化/物理分析、毒性和过敏原性评估以及营养成分分析是通用的全食品安全评估的主要内容（FAO和WHO，2008）。专家建议，这种标准化的原则和方法适用于对细胞基食品进行最终产品的食品安全评估。截至目前，对全食品的所有风险评估都是在个案基础上进行的，关于细胞基食品何时需要进行单独的风险评估，尚未形成共识。

新颖性和食品安全考虑

Ong等（2021）列出了加强细胞基食品的食品安全保障的关键研究领域，并指出关注这类产品的新颖性十分重要。尽管可能存在潜在的知识空白与不确定性，但大多数已确定的危害和问题不太可能是新的，因此优先考虑生产工艺与产品中的新颖性和差异是关键（Ong等，2021）。

驱动因素和其他关键考虑因素是什么？

它是肉吗？

“细胞培养”技术可以同时使用植物和动物细胞作为来源，它还用于生产非细胞产品，如牛奶、蛋白质或脂肪（Rischer等，2020）。虽然植物性肉类替代品不会被归为肉类，但目前尚不清楚这是否适用于以动物细胞为基础的食品。此外，如果以细胞为基础的肉类被归为肉类或在其名称中包含“肉类”，则可能对有关安全、质量保证和标签的现有法规产生多种影响。

该由谁来负责？

世界动物卫生组织（OIE）的**词汇表**指出，肉“指动物的所有可食用部分”（OIE，2021），但动物不一定必须参与细胞基食品的生产。因此，最终选择的命名法可能会决定谁将在监管层面监督细胞基食品的管理。根据现有的国家监管框架和分类选择，细胞基食品可能属于以下监管范围：①肉类/牲畜（或其他商品相关部门）；②蛋白质替代物；③新型食品；④食品安全；⑤上述的任何组合。

可持续性和环境

虽然与传统畜牧业相比，细胞基食品的生产预计会**使用更少的土地**，但这种比较并不直接，因为畜牧业也发挥着重要的环境作用，如保持土壤碳含量和土壤肥力（Chriki和Hocquette，2020）。根据Mattick（2018）的研究，细胞基食品生产也可能减少富营养化的潜力，这与传统家禽生产类似，但低于牛肉或猪肉（表4-3）。

表4-3 美国生产1千克肉（传统和细胞基）制品的估计环境影响的比较

影响类别	牛肉	猪肉	家禽	细胞基
土地利用（平方米/年）	92～113	15.8～18.3	9.5	5.5（2～8）
能量（兆焦耳）	78.6～92.6	16.0～19.6	26.6	106（50～359）
温室气体排放（千克二氧化碳当量）	30.5～33.3	4.1～5.0	2.3	7（4～25）

资料来源：改编自Mattick，2018。

在温室气体排放方面，细胞基肉类相对于牲畜的潜在优势尚不清楚。除了二氧化碳（CO_2）和一氧化二氮（N_2O）外，甲烷（CH_4）排放是饲养反刍动物的主要问题。相反，由于化石能源的大量使用，CO_2是与细胞基食物生产相关的主要温室气体。Lynch和Pierrehumbert（2019）通过他们的建模研究得出结论，假设在保持当前的肉类消费模式的情况下，畜牧业与细胞基肉类生产相比，可能是更好的选择，因为后者使用大量的化石燃料能源。Mattick等（2018）认为细胞基肉类也存在一些取舍权衡，高能量消耗导致细胞基肉类对全球变暖的影响低于牛肉但可能比猪肉或家禽大，然而细胞基肉类生产可以节省，从而保留土地使用收益。Smetana等（2015）指出，在细胞基肉类、各种蛋白质替代品（植物基的、真菌蛋白基的、乳基的）和鸡肉中，细胞基肉类由于其高能量需求对环境的影响最大，但其在土地利用和富营养化方面低于其他肉类。这可能会引起国家主管部门考虑，除了食品安全保证的明确需求外，还需要进行全面的环境影响评估和监测。

粮食与营养安全

细胞基食品必须在室内生产，不受极端气候条件的干扰；因此，一些开发人员声称，这可能有助于食品安全。此外，动物源性产品如肉类、家禽、乳制品、蛋类、鱼类和水产食品是蛋白质的重要来源。寻求更有效的方法来生

细胞基食品生产设施内部。

产这些蛋白质可能有助于确保营养安全。一些人提出，细胞基食品生产是那些希望在不改变饮食和文化规范的情况下负责任行事的人的一种选择（Chikri和Hocquette，2020；Shapiro，2018）。此外，有人建议，一些国家可能会发现这项技术具有吸引力，因为它可以通过基于细胞的生产使粮食供应更加自给自足，而不必扩大和加强目前的牲畜和水产养殖生产。

动物福利

一些开发人员证实了这项技术的重要性，声称它将大大提高动物福利（Bhat等，2015），因为饲养和屠宰的牲畜总数预计将大幅减少（Schaefer和Savulescu，2014）。然而，由于第一步通常是对动物进行活组织检查以收集细胞，一些人可能仍然担心动物福利问题，因为一些动物仍然需要饲养（Alvaro，2019）并可能被屠宰。

食物损失

从食物损失的角度来看，胴体的利用一直是传统畜牧业中具有挑战性的问题。有一些公司，如明胶、宠物食品和鱼饲料制造商，确实利用了牲畜的副产品，因此有助于减少食物损失。细胞基食品的生产可以提供生产肉类的手段，极大地有助于解决与胴体利用有关的问题（Stephens等，2018）。然而，如果单独生产畜牧业的其他产品，如皮革和羊毛，可能出现的环境影响以及对此类产业的经济影响还没有被探讨（Mattick等，2015）。

水生生物细胞基食品

虽然水生生物细胞基食品的生产可能为水产资源贫乏的国家打开一扇门，但这一特定领域有一个额外的与术语相关的考虑。水产养殖产品通常被称为“饲养”或“养殖”鱼类/海鲜，以区别于野生捕捞。因此，用于水生生物细胞基食品生产的术语可能需要不同的词汇来明确区分水产养殖产品与细胞基水产食品（Hallman和Hallman，2020）。

伦理、宗教、生活方式和哲学

由于该技术所需的动物数量明显少于传统的牲畜养殖，因此细胞基食品可能会吸引那些遵循素食或纯素生活方式的人。任何与细胞基食品生产相关的伦理问题都需要适当考虑。此外，人们可能会质疑，这类产品是否可以被认为符合犹太教、伊斯兰教规定，并是否与各自宗教、价值观或传统保持一致（Hamdan等，2018；Krautwirth，2018）。

消费者认知

并不是每个消费者都一定了解细胞基食品生产背后的科学，这些术语最终会影响到细胞基食品的意义和内涵（Bryant和Barnett，2019；Byrant等，2019）。从过去技术驱动的食品生产中学习，主管当局了解当地消费者的认知，并尽早与他们展开包容和透明的对话，这一点极为重要（Nucci和Hallman，2015）。

生产成本和产品价格

2013年，**第一个基于细胞的牛肉汉堡**以37.5万美元的价格问世（Kupferschmidt，2013）；2019年，第一块基于细胞的鸡块以50美元的价格面世（Corbyn，2020）。细胞基肉类的生产成本已经下降，但对于大规模零售来说仍然昂贵。培养基目前占到细胞肉总生产成本的大部分（Choudhury等，2020；Swartz，2021）。此外，用可再生能源替代化石燃料能源、维持充足的氧气供应、废水处理、全球运输以及劳动力费用也可能推高最终产品的成本（Mattick，2018；Risner等，2020）。然而，到2030年，细胞食品有可能以每千克5.66美元的价格出售，这比目前市场上的一些传统肉类更便宜（Swartz，2021）。

商业化法规

如果细胞基食品属于根据现有监管框架需要进行食品安全评估的类别，那么食品安全主管部门就有责任制定此类评估的程序。此外，如果消费者要求特殊标签，则相关主管部门有责任制定明确的政策。标签通常不是一个简单的管理问题，因为它几乎总是需要对成分/产品进行量化。因此，在这种情况下，政策将需要设置一个阈值，即多少比例的食品是通过细胞技术生产的，以达到标记的目的。

国际贸易

考虑监管审批不同步的情况**总是很重要的**。有些国家甚至可能不需要监管部门的批准，有些国家可能在技术能力有限的情况下难以建立批准程序。然而，现实是，一旦一种细胞基食品在一个国家获得批准，该产品前往另一个具有不同监管框架的国家只是时间问题。因此，必须在早期阶段进行包容性的全球对话，以便信息和经验的分享能够惠及许多中低收入国家。FAO已开始采取多项举措，就细胞基食品的食品安全问题提供科学建议（插文11）。

插文 11 FAO对细胞基食品生产的举措

为了在细胞基食品生产的食品安全方面提供及时和合理的科学建议，以下活动正在进行中。

- 三份关于以下方面的初步技术论文：
  - 命名法；
  - 现有监管框架；
  - 现有的食品安全危害识别的生产流程。
- 与相关国际机构（即世界卫生组织、世界动物卫生组织、经合组织、食品法典委员会）、国家食品安全主管部门、学术界、研究机构和私营部门进行协商。
- 来自两个国家的案例研究。
- 全球专家磋商会。■

未来之路是什么？

正如食品安全考虑部分所述，这项技术中的大多数潜在危害都不是新的。因此，重要的是要学习过去的各种经验，并考虑有效应用风险分析范式（Ong等，2021）。通过采用医药、食品生物技术等一系列学科领域中传统或现代的多种安全评估/评价方法，可以系统地识别各种危害，并适当地进行相关的安全评估。在食品安全领域也有许多降低风险的工具，如良好规范（良好卫生规范、良好生产规范、良好细胞和组织培养规范、危害分析与关键控制点）以及最终产品全食品安全评估的一般原则和方法（FAO和WHO，2009）。虽然有许多现有工具可用于安全评估，但对于某些特别新颖的工艺或产品，可能需要安全评估的额外步骤。因此，对于细胞基食品，重要的是关注与现有食品的显著差异，以便建立有效的方法来评估所有元素的安全性。

许多国家尚未经历对细胞基食品进行食品安全评估的迫切需要。然而，准备工作是关键；政府部门必须与包括消费者、私营部门、民间社会、伙伴机构和决策者在内的各利益相关方展开对话。专家们强调了确保包容性和透明度的重要性，同时为必要的监管行动做准备（FAO和WHO，2016）。对于中低收入国家来说，启动对细胞基食品安全保障的技术能力评估也很重要，因为它们可从与其他国家和国际组织的对话中受益，以学习他们的经验并获得技术援助。建议所有国家参与相关的全球讨论，因为共享的信息和数据能为全球利益做出的贡献不言而喻，而不是重复劳动。

食品安全是一项共同责任。通过公共和私人合作进行积极和透明的沟通是至关重要的，这不仅是为了让行业和政府更好地开展准备，也是为了最大限度地提高其安全保障计划的有效性。政府部门为私营部门制定的明确食品安全准则，将使“设计安全”的方法得以实施并得到推广，以共同确保细胞基食品生产的食品安全。

5

对城市空间内农业的食品安全思考

在垂直农场中种植的蔬菜。

目前，世界上有超过一半的人口居住在城市，并且预计到2050年，全球三分之二的人口将居住在城市地区，其中90%的增长发生在亚洲和非洲（FAO，2019a）。全球范围内的快速城市化和城市扩张（Malakoff等，2016）正在将城市粮食体系置于一个独特的位置，以帮助塑造整体的农业粮食体系转型。虽然全球生产的粮食中有多达70%将用于城市地区的消费（FAO，2020），但城市农业也在不断发展，以应对城市人口的增长。随着城市粮食体系的发展，人口结构变化、粮食安全保障、食物偏好变化、健康问题和气候变化等因素将迫使人们更多地关注与城市农业相关的问题（Knorr等，2018）。

城市农业定义为“在城镇内部和周边等地区种植植物和饲养动物以供食用和其他用途……”（FAO，2007）。因此，它涵盖了城市和城郊环境下的农业。本章我们将重点集中在城市空间内的农业和食品生产上，即从城市内的角度来看农业。

城市农业或者耕作可以重新利用闲置的土地和空间，全年提供新鲜食品并鼓励更健康的饮食，创造就业和谋生的机会，并促进食品价格在人们可承担的范围内（Carbould，2013；Poulsen等，2014）。城市农民最重要的作物往往是易腐烂的食品，并具有靠近消费者的区位优势（FAO，1996）。通过在更靠近人口中心的地方种植粮食，可以减少粮食的运输里程（FAO，2014；Weber和Matthews，2008）。虽然食物运输里程的减少对城市农业产生的总温室气体排放的贡献仍在讨论之中（Weber和Matthews，2008），但目前认为绝大多数的总温室气体排放主要归因于食物的生产和储存阶段（Mok等，2014；Santo等，2016）。

城市农业经营可以有不同的类型，而且往往因规模而异。城市农业可以面向个人或社区经营，也可以由小型、中型或大型私营公司、小规模家庭城市农场、社区合作社等拥有并用于商业经营（Andino等，2021）。城市农场可以在后院、屋顶（温室或露天）、阳台路边花园、在空地和公园建立的社区花园、可食墙和室内农场中建立（Santo等，2016）。露天的城市农场可以帮助城市在夏季降温，为蜜蜂和其他传粉者提供宝贵的栖息地，并且可以储存降水，从而减轻洪水风险（Dekissa等，2021；Rosenzweig等，2015；Santo等，2016）。城市农业还可以包括非食用植物的培育以及畜牧业、养蜂、水产养殖，甚至是用于食品和饲料的昆虫养殖。

室内农业技术的创新，可以使农作物分层种植，这种种植方式正在挑战将耕地视为粮食安全指标之一的观点（Galeana-Pizaña等，2018；Park，

一个社区花园。

2021)。垂直农业和微型农业（Beyer，2019）使用水培、气培或鱼菜共生系统进行土壤或无土栽培，这些方法主要在室内形式的城市农业中广泛使用。[①②③④]这些农场正在突破创新极限，使用技术方法数字化监测环境，严格控制温度、光照强度、湿度和营养等环境条件，使农场能够全年种植粮食，同时避免不稳定的天气和害虫等破坏性因素的挑战（Al-Kodmany，2018；Despommier，2011)。与室外农场相比，这些系统倾向于使用更少的水。例如，可以收集和重复使用水培农场使用过的水，而不是排放到环境中。这种特点在水资源稀缺、因气候变化而加剧干旱的地区尤其重要（Al-Kodmany，2018)。

如果设计得当，城市农场可以有助于改善城市的粮食安全问题(Corbould，2013)。然而，根据城市农业的耕作方法，城市地区种植粮食的多样性在数量上存在限制（Clancy，2016；Costello等，2021)。一项研究表明，就算将每一块可能合适的空地都用于耕种，也只能满足美国纽约市16万人（往昔人口：810万人）的需求（Ackerman等，2013)。

与开放式农业不同，一些室内农业的设置可能需要人工进行授粉，这可

① 与传统水平耕作不同的是垂直农业生产出垂直堆叠的食物。这种设置通常被整合在摩天大楼等建筑物内，或回收利用的仓库和集装箱内，后者具有根据需求随时移动的能力。

② 在水培系统中，植物可以脱离土壤而在水和化学物质或营养液中生长。

③ 在气培系统中，植物生长时其根部暴露在富含营养的雾气环境中。https://modernfarmer.com/2018/07/how-does-aeroponics-work/

④ 在鱼菜共生系统中，鱼和养鱼废水被用作植物生长所需的水资源和营养源。鱼菜共生系统既可以建立在室内，也可以建立在室外环境中。

© Shutterstock/MikeDotta

能是劳动密集型和成本相对高昂的方式。此外，也需要考虑不断扩张的城市对周围生产性农田的侵占或者对野生动物生存地区的影响，以此衡量维持城市粮食生产对环境的影响。

像垂直农业这样的城市农业方法可能是能源密集型的，不仅会对环境产生影响，还会引发经济的不确定性（Love等，2015；The Economist，2010）。Martin和Molin（2019）发现电力需求、生长介质、运输和包装材料都对垂直水培系统环境的可持续性有重大影响。他们发现可以用椰壳作为生长介质，使用纸盆代替塑料盆，利用更优质的能源，例如太阳能供电的LED灯，这些可以减少垂直水培系统对环境的影响。虽然投资可再生能源有助于降低垂直水培系统的碳足迹，但还需要考虑其他因素进行权衡，例如太阳能的价格，以及依赖化石燃料的能源储备等。此外，气候变化加剧的极端天气事件可能导致电力供应中断，这对垂直水培系统非常不利。

需要考虑的食品安全影响是什么？

与所有食品生产系统相同，城市食品系统的食品安全问题需要考虑从农场到餐桌的整个过程，从食品的生产、储存、包装、销售到消费都需要考虑在内。在食品安全方面，城市农业可以带来好处，也会面临相应挑战。其中一些优势包括可以提高食物的可追溯性、减少食物运输里程、可以防止食物腐败，并相应减少食物损失（Despommier，2011）。据文献研究发现消费者可能认为本地生产的食品比其他地方种植的食品更安全（Khouryieh等，2019）。

室内城市农场可以防止鹿、鸟、野猪等野生动物接触到农产品而引起食源性疾病的风险，因为这种风险可能发生在开阔的田野中（Jay-Russell，2011），并且室内城市农场可以减少天气的不确定性，由于气候变化天气越来越变幻莫测。下面将讨论关于城市农业需要考虑的一些食品安全的挑战。

城市农业使用的土壤需要引起关注：城市农场建立的地点是一个非常重要的食品安全的考虑因素，因为城市地区的土地使用可能会留下受污染的土壤。因此，了解将要种植农产品的土地的使用历史非常重要。因为在城市土壤中可能会发现不同程度的多种污染物。

存在实际或可能意识到的污染问题，并对当地种植的食品的安全构成严重威胁的地区或财产被划为棕地（brownfield）。这些区域包括废弃的加油站、废品场、工厂遗址或未正确拆除的旧建筑、干洗店附近、非法倾倒场和垃圾填埋场等场所。商业或工业建筑的旧址可能会受到石棉、石油产品、含铅油漆的碎片、灰尘及碎片的污染。老旧城市往往有较高水平的重金属污染，因为这些城市在以前使用过某些含有化学危害的产品。老房子周围的土壤和屋顶下的滴水线可能含有较高浓度的铅，这些铅来自建筑物上使用的油漆和其他建筑材料。空气污染、油漆、垃圾以及对木材、煤灰、污水和农药的处理都会留下重金属（如铅等）、多环芳烃等各种污染物，以及可以通过城市农业进入食物链的具有抗微生物药物耐药性的微生物（Defoe等，2014；Kaiser等，2015；Marquez-Bravo等，2016；Nabulo等，2012；Säumel等，2012；Wortman和Lovell等，2013；Yan等，2019；Zhao等，2019）。

Norto等（2013）发现靠近历史矿区的露天农场中种植的农产品可能会因

直接接触土壤而受到重金属的污染。城市土壤和植物中的重金属浓度会随着与交通繁忙的道路等污染“热点”的距离而变化（Antisari等，2015；Werkenthin等，2014）。虽然难以在土壤和农产品中的重金属含量之间建立明确的定量关系，但已有研究表明，植物可以从土壤中吸收和积累铅、镉和钡等重金属（Augustsson等，2015；Izquierdo等，2015；McBride等，2014）。例如，众所周知水稻在植物和谷物中都会积累镉和砷等，这增加了其暴露于这些化学危害的风险（Muehe等，2019；Suriyagoda等，2018；Zhao和Wang，2020）。Brown、Chaney和Hettiarachchi（2016）的一项研究发现，铅往往主要集中在食物的根部，这意味着胡萝卜、甜菜和马铃薯等根茎类蔬菜的铅浓度可能高于地面上生长的农产品。

无论土壤以前是什么用途，用于城市农业的土壤可能都需要进行检测，必要时还需要进行修复以将污染物浓度降低到可接受的水平。然而，对农民来说，对一系列污染物进行检测是不现实的，而且修复土壤也是一个巨大的挑战。因此，一些农民倾向于去除旧土壤，添加堆肥或其他受管制的土壤改良剂，如废水处理后得到的有机残渣，以“稀释”土壤中存在的重金属，有时他们还应用磷肥来降低生物利用度（Wortman和Lovell，2013）。有时还会在地面上放置一个不透水的屏障，并在上面添加新的土壤。此外，建议在城市农场和繁忙的道路之间建立适当的屏障，作为一种手段以保持产品安全、避免污染问题。

其他化学危害：通常来说城市地区温暖的气候（或城市热岛效应）可以为某些害虫提供理想的栖息地（Meineke等，2013），这促使露天城市农场的种植者使用高剂量的农药来保护他们的农场。目前缺乏对城市农场种植的新鲜

农产品中农药残留的识别和量化的研究。城市环境中农药的过度使用，包括来自城市农场和住宅区的一般使用，如草坪、草皮和家庭花园，不仅通过食物链影响人类健康，而且当化学物质进入周围水体时，还会影响该地区的生物多样性和水生生态系统（Meftaul等，2020）。世界各地许多城市都制定了法规，以控制靠近住宅区的城市地区的农药使用量。此外，肥料或堆肥的滥用可能会产生过量的氮和磷，污染地表水或暴雨径流，加剧城市或附近区域水体中有毒藻类的大量繁殖（Wielemaker等，2019）。然而，必须指出的是潜在的富营养化和藻华并不是城市农业所特有的。由于高度的人为活动，微塑料可以普遍存在于城市环境、土壤和大气以及水体中（Evangeliou等，2020；Qiu等，2020）。然而，这种污染物对城市农业以及对人类健康的影响尚不清楚（Fakour等，2021；Lim，2021）。

某些绿叶蔬菜可能是高含量膳食无机硝酸盐的来源，例如生菜，这可能造成健康风险（EFSA，2008；FAO和WHO，2002；Quijano等，2017）。硝酸盐在农产品中积累的主要途径之一是过量施用氮肥（Fewtrell，2004）。然而，Jokinen等（2022）发现通过在植物根部施用甜菜碱，利用无土栽培方法（如水培系统）有可能成为控制绿叶蔬菜中硝酸盐含量的一种方式。

水源：虽然全球城市中心在不断增加，但用于收集和处理的卫生设施的覆盖率却没有随之增长（Larsen等，2016）。未经处理或处理不当的城市废水在用于灌溉或清洗收获农产品时会使城市农产品在生长或收获后受到病原微生物或化学品危害的污染，这是一个重要的食品安全问题（Strawn等，2013）。食用废水灌溉的新鲜农产品是许多食源性疾病暴发的原因。除了在废水中发现的食源性病原体，如不同菌株的沙门氏菌、肠出血性大肠杆菌、单增李斯特菌以及诺如病毒等病毒外，抗生素耐药性问题也会因农业中使用废水而加剧（Adegoke等，2018；Strawn等，2013）。处理不当的废水可能是药物等污染物的来源，其也可能成为病原体持续存在的理想环境，从而成为微生物药物耐药性的“蓄水池”。废水的处理通常对抗微生物药物耐药性基因的影响有限，这些基因不易降解，并可以在环境中的微生物群落之间进行水平基因转移，从而赋予和传播了耐药性（Alexander等，2020；Mukherjee等，2021；Paltiel等，2016；Pruden等，2006；Zammit等，2020）。

在垂直农业系统中使用的水的质量及其安全再利用是明确判断食品安全风险的主要考虑因素之一。在鱼菜共生系统中，鱼粪可能是产志贺毒素大肠杆菌的潜在来源。根据Wang、Deering和Kim（2020）的研究，在水和植物根系中发现了产生志贺毒素的大肠杆菌，但在植物的可食用部分中没有检测到。然而，如果水中这种微生物污染物的检测结果呈阳性，则（在生长或收获期间）微生物污染物的意外溅湿有可能会导致植物的可食用部分受到污染。此问题关乎于食品安全，特别是生食的农产品。在所研究的水耕或水培系统中，没有发现李斯特菌属或沙门菌属的存在（Wang等，2020）。在水耕系统中，微生物污染源也可以通过受污染的鱼类、参观者、不当的处理措施和植物受损的根系引入。

虽然在食品生产中使用可饮用或饮用水质的水是最安全的选择，但由于许多地区日益严重的水资源短缺，所以此方案并不是最可行或负责任的解决方案。在不影响最终产品安全性的情况下，其他类型的水也可以做到物尽其用（FAO和WHO，2019）。改善城市农产品食物链中食品安全至关重要的是提高农民对城市农业中废水的使用以及与之相关的各种健康风险的认识（Antwi-Agyei等，2015；Ashraf等，2013）。FAO的一份出版物列出了农民可以用于处理废水的一些低成本和易操作的做法以及可用于安全种植粮食的灌溉做法（FAO，2019b）。

© Shutterstock/MikeDotta

空气污染：城市地区的空气污染如臭氧、一氧化碳、硫氧化物、氮氧化物、氨、甲烷、颗粒物、二噁英、重金属、多环芳烃等污染物正在增加，并且难以控制。城市的空气质量受许多人为因素的影响[①]，例如运输、农业活动、能源供应、工业等产生的化石燃料燃烧和温室气体排放的事件（Domingo等，2021）。气候变化还会改变空气中污染物的浓度和分布。虽然与交通运输

① 城市空气行动平台是联合国协调政府、非政府组织、公司、当地社区团体以及个人收集空气质量数据的平台。https://www.unep.org/explore-topics/air/what-we-do/monitoring-air-quality/urban-air-action-platform?_ ga=2.107580418.1663653424.1629668659-41112530.1629668659

© Shutterstock/MikeDotta

有关的空气污染物分散广泛，但建筑物可以作为屏障，将这些危害集中在特定区域。

研究表明，空气污染会降低城市地区种植作物的产量和营养质量（Agrawal等，2003；Thomaier等，2014；Wei等，2014；Wortman和Lovell，2013）。然而，环境的空气质量对露天城市农业的影响，以及对所生产食品安全性的影响，仍然没有得到充分的探索研究。某些污染物，例如二噁英、重金属和多环芳烃会在植物中积累，并在食用时构成风险（Ortolo，2017）。颗粒物可在叶类蔬菜上积累，并且成为重金属等其他污染物的载体。然而，如果在食用前使用饮用水彻底清洗植物，这种风险就会降低（Noh等，2019）。

畜牧业：在城市范围内饲养动物可能会对食品安全产生影响，下文将对此进行阐述。不过，饲养动物更适合在城市周边的地区（Taguchi和Makkar，2015）。

对肉类和乳制品的需求不断增加，特别是在中低收入国家，加之缺乏足够的冷链，是城市牲畜养殖场兴起的原因。山羊、绵羊、牛、猪、鸡、鸭和水牛等动物可以在世界上一些地区的城市农场里养殖（FAO，2001）。城市中的畜牧业（陆上或海上）通过销售各种动物性食品以及可用于改善城市土壤肥力的肥料，形成了额外的收入来源[①]。但由于卫生条件

① 2018年，世界上第一个浮动或海上奶牛场在荷兰鹿特丹港建立（Fry，2018）。

差、饲养动物的条件简陋、动物粪便上繁殖的苍蝇和寄生虫以及人畜共患疾病的致病风险，城市畜牧系统可能对人类的健康造成一些潜在的危害。住宅后院饲养的家禽可能携带沙门菌等食源性病原体，如果不采取适当的卫生措施，这些病原体就会传播给人类（News Desk，2021；Tobin等，2015）。虽然大多数人在不使用抗生素的情况下可以从这类疾病中康复，但某些沙门菌的菌株表现出越来越强的对常用抗生素的耐药性，使公共卫生问题变得复杂化（CDC，2021；Wang等，2019）。

将来自交通繁忙的路边的植物材料喂给牲畜，可能导致二噁英等化学危害暴露的风险。危害往往会积聚在动物的脂肪组织中，从而进入食物链。动物屠宰、尸体处理和废物管理（清除粪便和尿液）的基础设施欠缺也会对附近的居民以及消费者造成一些食品安全风险（Alarcon等，2017）。兽医护理的适当使用以及限制城市空间中鸡群或牛群数量的法规也是重要的考虑因素。

垂直养鱼是水产养殖中的一种新兴方法，其是在一个垂直的、多营养的、大多是闭环的系统中饲养鱼类。垂直养鱼的设施可以建在土地稀缺的城市地区，甚至是近海地区（Tatum，2021）。这种系统如何使用和再利用水、处理和处置鱼的污水以及使用抗菌剂，不仅决定所生产鱼类的安全性，还可能影响其他公共卫生问题，例如可能导致附近水体的富营养化。

城市觅食：虽然本章倾向于通过在城市空间中耕种来获取食物，但如果不提及在城市地区收集或觅食食物，也是一种疏忽[①]。应该要更清楚地了解与城市觅食相关的潜在安全问题和营养价值（Stark等，2019），因为人们越来越认识到，觅食的食物是组成城市粮食体系中经常被忽视的部分。所以需要进行更多的研究，以确定通过从城市景观中的私人和公共空间收集的植物，使人们暴露于城市环境中发现的各种病原体和寄生虫等生物危害和重金属、杀虫剂等化学污染物的程度。

城市水道可能会因街道、工业场地和花园的径流而受到污染。除了各种水性病原体和寄生虫外，在采集水生植物以供食用时，了解哪些水生植物可以从水中吸收重金属等化学污染物（Li等，2015）是至关重要的。

Gallagher等（2020）发现，在美国波士顿城市采食中所得的苹果里存在铅，但其铅含量低于美国国家环境保护局认为的由自来水提供的一日饮用水供给中铅含量的安全水平。尽管如此，仍需要对城市景观中常见的潜在污染物进行系统的评估，以充分解决公共卫生问题。

---

① 城市觅食（Urban foraging）包括从城市景观中的植物上收集食物，主要是水果、蘑菇、绿叶蔬菜和坚果，这些植物不是为人类消费而特意种植的。

未来之路是什么？

城市化的不断发展正推动农业粮食体系发生着深刻变化，其中城市农业正在迅速发展。然而，食用城市空间内生产的食品所带来的潜在人类健康风险的研究尚不充分。改善适合此种用途的土地/空间和水的供应、市场准入、更多的资本和运营资金、技术培训机会，以提高城市生产者的知识基础和农业技能，以及制定适当的监管框架和战略，以上都是决定城市农业成功的方面。此外还需要更加重视城市内和城市间加工、储存和运输的基础设施卫生情况，并且考虑将城市粮食生产纳入城市规划，确保土地分配与主要道路和其他污染源保持一定的安全距离，以保障城市地区的粮食生产安全。

城市农业的进一步发展需要更多的土地，这可能会推动对棕地的补救和恢复。然而，将棕地改造成安全且适合粮食生产的区域往往并不简单，需要加强与市政当局和土地所有者的沟通、定期监测这些区域的污染物并向公众传播知识（Miner和Raftery，2012）。

创建“循环城市”的概念正在受到广泛关注，其通过将来自不同过程的各种有机废弃物重新用作资源，以提高城市地区的农业生产力（Ellen MacArthur Foundation，2019；Skar等，2020）。但是，必须注意确保对这种闭环生物经济的投入是安全的，并且不会引入污染源，因为如果没有适当的监测和处理程序，这可能会促进污染物的积累。

数字技术的进步可以使城市农民能够“远程耕种”，从而远程访问多个城市农场，例如，可以根据需要调整土壤的pH、营养水平、光照强度等条件，甚至可以在需要人工干预时发出警报。数字创新还有助于在垂直农场的各个点对食源性病原体进行定期检测，并加强可追溯机制，以便在污染产品成为公共卫生问题之前对其进行识别和清除。

为了使城市培育包容、营养、安全和可持续的城市粮食体系，并有效应对挑战，需要针对城市粮食体系的机制、能力、政策、财政支持等方面进行的良好治理。这是一个跨学科领域，需要地方政府、民间社会、私营部门以及市、省和国家政府的多部门参与（Knorr等，2018；Ramaswami等，2016；Tefft等，2020）。然而，在多个研究中，认为缺乏管理城市农业的适当监管框架是其市场扩张的障碍（FAO，2012；Sarker等，2019）。城市农业监管需要大量的资源，但目前许多中低收入国家缺乏监测城市农业的基础设施和制度框架（Merino等，2021）。

6

通过塑料回收探索循环经济

塑料包装出售的果切。

我们正生活在塑料时代，塑料是日常生活中不可或缺的一部分（Haram等，2020）。塑料由一系列合成或半合成聚合物组成，具有不同的化学成分，这些化学成分主要来自化石燃料（Wiesinger等，2021）。据估计，自全球塑料制造业数据汇编时间框架的起点（20世纪50年代）以来，人们已经生产了超过83亿吨的塑料（Geyer等，2017）。迄今为止，塑料行业仍然是增长最快的行业之一。塑料由于具有用途广泛、轻便、耐用和生产成本低的特性，被广泛应用于建筑建造、电气电子、汽车制造以及农业、医疗保健等领域（Yates等，2021）。

然而，塑料是地球上最普遍、最持久的污染物之一（Dris等，2020）。塑料的某些特性使其能够应用于某些特定领域，但同时也使它们在实现使用价值后难以降解，并且能够在环境中存在数十年或更长时间。倾倒在垃圾填埋场的塑料可以渗透进土壤（FAO，2021a），或者通过风雨进入河流，最终汇入海洋（Drummond等，2022）。据估计，每年进入海洋生态系统的塑料垃圾约有800万吨（National Academies of Sciences，Engineering and Medicine，2021）。然而，塑料的耐久性取决于其存在的环境，因为在不同环境条件下，塑料会被相应分解成宏观、微观和纳米尺寸的颗粒（插文12）。除了存在范围广泛，塑料污染还是一个跨界的问题（Borrelle等，2017）[①]，与气候变化有关的极端天气事件如飓风、洪水等，可能会加剧陆地和水生生态系统中的塑料污染情况。此外，除了化石原料的提取和运输外，塑料的制造和精炼也使塑料行业成为温室气体密集型行业之一，气候变化因此加剧（CIEL，2019）。

UNEP数据显示，消费品行业使用塑料造成的环境退化、温室气体排放和健康影响所消耗的自然资本预计为每年750亿美元，但这个数据可能被大大低估了（UNEP，2014）。其中，原材料开采和加工过程中的温室气体排放造成的自然资本消耗占比超过30%，海洋污染则是最重要的下游成本。

农业粮食体系中的塑料与循环经济

现代农业实践包括了塑料的广泛应用，如地膜、袋子、青贮膜、滴水管、植物保护剂等。FAO的一份报告概述了塑料在农业中的应用范围、益处与权衡，并就如何减少塑料对人类健康和环境的潜在危害提出了建议（FAO，2021a）。

---

① 瓶中的塑料，2021：https://pame.is/projects/arctic-marine-pollution/plastic-in-a-bottle-live-map，瓦赫宁根大学与研究中心。

食品的塑料包装可以隔离污染，从而延长保质期、保障食品的品质与安全。由于食品供应链通常涉及长距离运输，包装在促进食品运输方面也发挥着重要作用（Han等，2018）。虽然据估计，自20世纪50年代以来全球生产的塑料中约有42%用于包装，但是难以获得专门用于食品的塑料包装的确切数量信息（Geyer等，2017；Schweitzer等，2018）。

大多数塑料包装都是为功能而设计的，往往仅使用一次，且通常没有适当的报废管理流程。预防和管理食物垃圾往往被作为使用一次性塑料的理由。然而，Schweitzer等（2018）研究表明，欧洲仍是全球人均食物浪费率与塑料浪费率最高的地区之一，这证明不适合食品需求的食品包装可能不足以防止食物损失与浪费（Verghese等，2015）。

另一方面，塑料包装的回收利用仍然是一个挑战，因为塑料往往由不同类型的聚合物与各种添加剂如阻燃剂、着色剂、增塑剂、紫外线稳定剂等混合而成。普通包装可以由多种材料（如塑料、玻璃、金属）组成，这使得其在回收前难以分离（Hopewell等，2009）。据估计，截至2015年，全球产生的约6 300吨塑料废物中，只有9%被回收利用（Geyer等，2017）。得到回收利用的塑料通常不能再变成相同质量的产品，可能会进行低价值应用，并且使用后可能无法再次回收（Ellen MacArthur Report，2016）。

为了辅助克服机械回收的不足（Schnys和Shaver，2020），专家们正在开发各种生物回收和化学回收方法，前者使用微生物或昆虫来分解塑料（Espinosa等，2020；Yang等，2015），而后者可以回收聚合物的石化成分，然后用于塑料的再造（Lantham，2021；Meys等，2020；Zhao和You，2021）。但这些回收方法大多数处于起步阶段，仍存在许多技术瓶颈（Rollinson和Oladejo，2020）。

回收方法的科学发展、新材料的开发与引入、分类和再加工技术的改进，都为塑料包装从线性经济到循环经济的转换提供了契机。此外，随着对塑料污染的认识不断提升，加之人们减少化石燃料需求的努力以及对清理活动短期影响的意识，许多人也正在倡导改变我们在农业粮食体系中生产和使用塑料的方式（Yates等，2021）。循环经济是一种模式，旨在通过尽可能长时间的保持资源的使用来发挥它们的最大价值，同时最大限度地减少与处置它们所产生的负面影响（Stahel，2016），以使物质循环实现闭环。作为线性资源消耗的一种解决方法，循环经济这一概念在全球范围内引起了广泛关注（Ghisellini等，2016）。再设计—减量化—再利用—可循环是食品塑料包装循环经济方法的主要选择，即减少一次性塑料和原生塑料的使用，同时通过更好的协调措施对已进入流通的塑料进行有效的回收和再利用，并在整个供应链中结合大环境和社会责任来重新设计我们当前的系统，使其更具可持续性（FAO，2021b）。

除了塑料的再利用和回收之外，生物基塑料作为环保型替代品越来越受到关注，其功能与传统的石油基非生物降解型塑料相似（van der Oever等，2017）。尽管目前仍定义不清，但“生物塑料”一词往往与生物基塑料或生物可降解塑料或其两者互换使用。生物基塑料由可再生自然资源（如玉米、甘蔗、马铃薯、海藻等）制成，可以设计成可生物降解或不可生物降解。由可以被微生物自然降解的材料制成的塑料是可生物降解塑料。可堆肥塑料是可生物降解塑料中的一类（Davis和Song，2006；FAO，2021a；Lambert和Wagner，2017）。

虽然有这样的替代塑料，但对于大多数应用来说，它们还不能代表传统塑料的可行替代品。含有不同含量的石油基和生物基成分的塑料也可以被称作“生物塑料”，但它们并不容易被生物降解（FAO, 2017）。此外，许多打着“可生物降解”旗号销售的塑料如果被随意丢弃在垃圾填埋场，它们在这种自然、开放的环境中并不能快速或有效地降解（Napper和Thompson，2019；Nazareth等，2019），这引发了人们对在环境中引入其他微塑料（和纳米塑料）的担忧（插文12）（FAO，2017；Weinstein等，2020）。生物塑料可能需要通过工业化的堆肥条件才能得到正确分解，因此，此类塑料废物必须得到妥善管理并运送到专门的回收设施，这可能与现有的废物管理流程不兼容（Ferreira-Filipe等，2021；Silva，2021）。此外，由于许多生物塑料来源于玉米、甘蔗等富含碳水化合物的植物，因此也会引发一系列其他问题，例如，可能加剧森林砍伐、农药使用以及与粮食生产竞争有关的社会影响。

插文12 微塑料问题

微塑料（＞5毫米）是在2004年提出的一个概念（Thompson等，2004），它是各种不同来源的塑料在环境中，通过光降解、物理磨损、水降解和生物降解等过程中被风化并分解所产生的一种塑料碎片（1微米至5毫米）（Evangeliou等，2020）。此外，微塑料也可以工业化生产，并应用于各种产品，例如化妆品和研磨性清洁剂（SAPEA，2019）。

微塑料在我们的环境中无处不在，Brahney等（2021）指出它们围绕地球流动，就像全球生物地质循环一样，在大气、海洋、冰冻圈和陆地具有不同的停留时间（Evangeliou等，2020；Hou等，2021）。虽然环境中微塑料的检测和追踪方法正在完善（Evans和Ruf，2021），但是目前还没有可靠的数据来定量其在环境中的存在量。人类接触微塑料已知的两种主要途径包括吸入和摄入（Rahman等，2021），水产品是被研究较多的膳食暴露来源之一（Garrido Gamarro等，2020）。那些悄然进入我们饮食的新的微塑料来源——鱼粉、婴儿奶瓶、有机肥料和食盐，也被毫不意外地确认了（Lee等，2019；Li等，2020；Thiele等，2021；Weithmann等，2018）。

微塑料代表了一类高度多样化的污染物，因为它们的大小不同、形状各异（例如碎片状、纤维状），并且成分复杂，由多种聚合物材料和化学混合物组成。这种多样性赋予了其独特的迁移和归宿特征，并决定了它们如何影响生物群和人类。然而，微塑料危害人体健康的作用机制尚不清晰(Lim，2021；Rahman等，2021)，风险评估和暴露表征的主要挑战之一是缺乏用于有效采样、鉴定和量化微塑料的标准，这将导致实验数据的不可比性。

已知多种微生物，包括机会性人类病原体，能够在微塑料中定植并形成生物膜（Amaral-Zettler等，2020）。微塑料还可以促进潜在有害病原体的分布，例如弧菌、大肠杆菌的致病血清型、入侵藻类物种和致病真菌，以及促进抗微生物药物耐药性的扩散（Amaral-Zettler等，2020；Gkoutselis等，2021；Pham等，2021）。

被随意丢弃在水体附近的塑料。

无论是来自塑料本身的聚合物原料或通过环境吸附，多种化学物质已被确认可能对人类的健康产生危害（Diepens和Koelmans，2018；Arp等，2021）。这些化学物质包括持久性有机污染物、内分泌干扰物、重金属、阻燃剂以及可以渗入环境的邻苯二甲酸盐（Campanale等，2020；Chen等，2019；Lim，2021；Rahman等，2021）。摄入微塑料是否直接明显提高我们对这些化学品的接触，是一个仍需深入研究的问题（FAO，2017，2019；Lim，2021）。纳米颗粒（<1微米）足够微小，可以穿透细胞并在组织和细胞中积累（Fournier等，2020），这是一个值得注意的问题，但是目前还需要更加深入的研究来阐明这种影响的范围。

需要考虑的食品安全影响是什么？

虽然食品包装的循环经济概念在理论上似乎是可行的，但实际上食品包装的回收和再利用都需要我们仔细考虑。除了要求消费后对混合材料包装进行收集分类外，也考虑了其初始使用过程中的受污染程度、回收过程的经济可行性以及缺乏适当立法框架的限制，塑料回收过程中也存在食品安全问题，为了更好地发挥其食品接触材料的应用功能，我们需要正视这些问题。

在使用回收塑料或者原生塑料抑或是两者的混合物时，如果没有充分进行评估和控制，有可能将化学危害因子引入食品和饮料当中。食品接触材料并非惰性，含有来自已知成分的许多不同化学物质，这些化学物质可以从包装迁移到食品

中（Groh等,2019）[①]。其中一些化学物质不是有意添加的，也称为非有意添加物质或NIAS，例如已知或未知的杂质；用于制造食品接触材料的成分的反应产物和分解产物；或可来自制造过程中可能的污染物；或通过间接来源，如印刷油墨、涂料、黏合剂和二次包装。非食品级聚合物进入食品级材料的回收过程，也可能会产生令人担忧的物质，例如黑色食品接触制品中存在有源自电气和电子设备的溴化阻燃剂（Samsonek和Puype，2012）。

可以从食品接触材料（来自回收塑料和原生塑料）中迁移并特别引起食品安全关注的化学品包括多氟烷基物质（PFAS）、邻苯二甲酸盐、4-壬苯酚、矿物油等（Edwards等，2021；Kitamura等，2003；Lyche等，2009；Rubin，2011；Yuan等，2013）。这些化学危害物质可能通过多种作用方式，例如持久性和生物蓄积性、内分泌干扰等，构成各种健康风险，例如致癌性、致突变性、生殖毒性等。因此，需要进行风险评估来考量此类化学品的实际暴露程度。但是并非所有地区都有经过验证的方法来测定化学品的迁移，从而评估潜在的健康影响。这种迁移或浸出取决于多种因素，包括食品与包装之间的温度和接触时间、食物基质特性和组成、存在的功能障碍以及包装食品或饮料的理化特性，例如pH（Fang和Vitrac，2017）。

随着对这些化学危害的认识不断提高，人们正在寻求这些包装材料的功能性替代品，但是有时这些替代品对健康造成的不良影响，要么是没有得到充分研究，要么是与替代之前的影响基本没有区别。例如，由于双酚A迁移能够引起潜在的健康问题（EFSA，2015；FAO和WHO，2010；Ma等，2019；Vilarinho等，2019），因此它被其他双酚如双酚S和双酚F取代。然而，这些替代品也被发现有其自身的迁移问题，对人类健康的潜在影响尚不完全清楚（Kovačič等，2020；Rochester和Bolden，2015）。

纳米材料，如纳米黏土（蒙脱土）、纳米金属氧化物（银、锌、铜、钛等）与纳米纤维等可以添加到聚合物中用来生产纳米复合材料，从而赋予材料某些性能，例如增加机械强度、提供更好的防水性能与抗菌性能等（Bumbudsanpharoke和Ko，2015；Garcia等，2018）。如文献中所述，摄入某些纳米颗粒对健康产生的不利影响包括可能干扰胃肠道的正常功能并导致肠道微生物群失调、影响免疫系统、遗传毒性和致癌性，这取决于纳米颗粒的组成、结构和性质（McClements和Xiao，2017）。然而，食品接触材料中纳米颗粒的释放、迁移和测量机理都尚不明确，这就使得纳米材料安全性的评估变得复杂（Bandyopadhyaya和SinhaRay，2018；Froggett等，2014；Störmer等，

① 迁移可以被定义为“通过亚微观过程，从外部来源转移到与之物理接触的食物中”（Katan，1996）。

2017；Szakal等，2014）。

生物塑料等塑料替代品，包括食品接触塑料替代品，包含多种化学物质，与传统的石油基塑料类似，其中的化学物质可能会发生迁移并诱发毒性（Yu等，2016；Zimmerman等，2020）。由来自农产品的各种生物质生产的生物基食品接触材料引起了额外的食品安全问题，例如重金属、持久性有机污染物、残留物（如杀虫剂）、霉菌毒素等问题。这些危害物质也可能在与食物接触时发生迁移（FERA，2019）。

除了食品包装，我们消费的食物还要与其他各种材料接触，如器皿、砧板、杯子等，这些材料可能是食品安全风险的潜在来源，尤其是从循环经济角度来探索新材料的视角来看（Bilo等，2018）。例如，小麦谷物收获后留下的秸秆传统上被视为废弃物，但它们可以加工成小麦吸管，用作一次性塑料吸管的替代品。但是小麦在不良储存条件下，容易滋生镰刀菌并产生多种不同种类的霉菌毒素。此外，依据成分来看，致敏性可能是小麦吸管潜在的另一个问题（FEAR，2019）。然而，在已发表的文献中，关于此类食品安全风险及其在生物基食品接触材料中迁移的可能性的信息有限。在这种生物基食品接触材料的加工和制造过程中，前面提到的化学危害物是否会分解或者改变也是未知的。

未来之路是什么？

循环经济可以使塑料与化石燃料原料脱钩，并找到可持续生产塑料、重新利用塑料废弃物以及管理塑料污染的方法。此类政策可能会对包括食品部门在内的多个行业产生影响，对人体健康、食品安全、自然环境、粮食安全和经济成果产生重叠影响。虽然有许多创新和改进工作在实施塑料循环经济方面显示出潜力，但它们仍然过于分散，无法在更大规模上产生持久影响，并且在很大程度上与使用后系统的改进和部署相脱节。循环经济的实施还存在各种各样的障碍，如缺少财政资金和规划安排，缺乏技术知识与技能及技术差距。

如果没有适当的监管体系进行约束，没有广泛支持的风险评估作为支撑，那么将很难在清除所有有害化合物的情况下进行塑料回收。当使用的食品接触材料为回收塑料时，产生的一些化学危害物质如何对人类健康构成风险仍有待充分确定。目前风险评估的重点是用于制造食品接触制品的单体和塑料添加剂，但还未涉及塑料聚合物和生产过程中形成的复杂化学混合物。关于食品接触塑料包装中化合物的归宿与生理影响的评估方法，有必要进一步增强国际协调。暴露数据包括化学混合物迁移数据的缺乏是一个知识空白，需要继续解决

(Groh等，2021；Muncke等，2017)。分析或质量控制措施的进步可能提供一种可行的方法，以确保再生塑料在使用过程中的安全性（Geueke等，2018；Muncke等，2017；Muncke等，2020)。此外，随着关于塑料替代品讨论的继续进行（van der A和Sijm，2021)，物质的迁移及其潜在的化学毒性将是一个值得充分关注的领域。改善食品接触材料安全性的解决方案，尤其是在循环经济的背景下，需要供应链所有相关专家和利益相关者的共同参与（Muncke等，2020)。

7

微生物组，食品安全的一个视角

正在准备水稻种植的土壤。土壤、植物、动物和人类的微生物组存在着相互联系。

微生物组是由微生物（细菌、病毒、真菌、古细菌）组成的复杂而动态的网络，这些微生物适应并生活在特定生活环境如人类、土壤、植物、水、动物、食物链上的生产场所中，并形成功能关系（Berg等，2020）。即使在物理上分离的情况下（如动物和土壤），相邻的微生物组生态系统也会相互影响（Flandroy等，2018）。此外，微生物组对于环境条件和对不同物质的暴露是非常敏感的。在人类中，各种因素如遗传、饮食、药物、生活方式、氧气、pH都有助于塑造胃肠道各部分的微生物组亚群（Shetty等，2017）。

为什么肠道微生物组越来越受到关注？

越来越多的科学信息表明或在较小程度上证明，肠道微生物组有可能影响人类健康。例如，微生物组可以影响免疫系统的发育，作为肠道的第一道防线，对肠道具有保护作用；可以合成维持人体稳态所必需的代谢产物如维生素D和短链脂肪酸。此外，微生物组失衡也与一些非传染性疾病（NCD）有关，包括炎症性和代谢性疾病，如肥胖、糖尿病、炎症性肠病（Lynch和Pedersen，2016）。非人类微生物组也与其他生态系统的健康状况相关，如土壤和植物（Flandroy等，2018）。这些微生物种群存在于食物链的不同环境中，也是影响食品质量和食品安全的因素（Weimer等，2016）。

由于微生物组可以在人体稳态中发挥作用，因此可以作为不同饮食干预的目标，以维持和促进健康（例如优化纤维摄入量、摄入益生元和益生菌）（Wilson等，2020）。另一方面，不平衡膳食等微生物组干扰因素也引起了人们的注意，因为它们可能导致菌群失调[①]，并最终对人类健康造成不利影响（Das和Nair，2019）。目前的研究主要集中在食品添加剂、农兽药等化学残留物、抗生素或其他环境污染物对生物相关微生物组的干扰程度上（Cao等，2020；Chiu等，2020）。

技术进步增强了我们对微生物组的了解

直到最近，传统微生物学还一直关注于微生物的个体鉴定及其所发挥的作用，如在食品生产中进行发酵、促进健康（如益生菌肠道细菌）或引起疾病（如病原体）。而组学和生物信息学领域的新技术进步，使得对特定环境中的微生物群落结构（微生物组）及其功能活性的整体研究成为可能（Galloway-Pena和Hanson，2020）。通过宏基因组学工具对DNA进行测序，从而提供微

① 菌群失调：与负面健康结果相关的微生物组成与功能的变化（Das和Nair，2019）。

生物组的分类组成和基因多样性的信息，进而为潜在的微生物功能提供指示。其他组学技术以微生物组的生理活动为目标，它们通过RNA测序分析基因表达（转录组学与宏转录组学）、表达产生的蛋白（蛋白质组学）或最终产物和代谢物（代谢组学）来揭示活跃的代谢途径。支持微生物组研究的科学相对较新，并且仍在不断发展。但它仍然缺乏标准化，并且产生了大量无法解读的数据。因此，我们对微生物组及其与生态系统的相互作用的了解仍然有限。

需要考虑的食品安全影响是什么？

从农场到餐桌的**微生物组的研究**可以提高我们对危害和健康风险的理解。在食品安全的背景下，不同的微生物组可以用于不同的目的。

微生物组本身并不是食品安全风险。直到最近，微生物组还一直是食品安全和质量的一个未被探索的因素。整体全面地理解微生物组—环境—宿主之间的相互作用及其对人类接触不同类型生物或非生物因素后的影响，为更好地了解危害和健康风险以及为微生物学和化学评估开辟一条新途径。

食品生产链中的微生物组作为危害指标

当前，利用组学技术能够实现**微生物种群**的全面评估，例如，分别通过不依赖于培养的鸟枪法宏基因组学或宏转录组学对完整的DNA或RNA进行分析，以及蛋白质组学与代谢组学等方法。这使得对食品生产上下游中潜在或已存在的全部微生物危害，例如病原体、致病因素和抗微生物药物耐药性的监测成为可能。我们不仅可以对食品和食品配料中的危害进行监测，也可以对生产场所环境中的危害进行监测（Beck等，2021；De Filippis等，2021）。这将提高我们对特定位置中影响致病性因素的理解，如加工步骤及储存与环境中的微生物组；以及对抗微生物药物耐药性在生产链中获得与流动的认识。因此，微生物组的研究将为微生物危害的表征带来新的视角，而且，也将为制定合适有效的预防措施提供依据。在许多情况下，微生物组和微生物化合物可作为食

酸奶生产车间。

品安全和质量的危害指标（Weimer等，2016）。例如，选择安全的发酵剂，并在产品制造过程中对其进行监测；评估老化干燥室中空气微生物组，从而最大限度地减少病原体从环境迁移到产品的可能；以及储存条件如何作用于对食品安全和质量有影响的物质的组成及其产生。

肠道微生物组与外源性化合物之间的相互作用及其对人类健康的影响

除了宏观和微观营养素外，肠道微生物组还可以通过食物和水的摄入接触到其他化合物。这些化合物可以通过人为添加到产品配方中（即食品添加剂），也可以通过食物链上游活动（例如兽药和农药残留）产生，甚至是不慎出现在饮食里（例如环境或工业污染物）。肠道微生物组可以代谢和转化这些化合物，并改变其生物利用度和潜在毒性（Claus等，2016）。因此，微生物的活动可以改变人类与此类物质的接触。同时，外源性化合物也有可能引起微生物组的组成和活性发生变化并导致菌群失调（Abdelsalam等，2020）。这种微生物失衡最终可能对人类健康产生影响。

食品添加剂、农兽药残留或微塑料等外源性化合物在化学上是高度异质的。在这个广泛的化学谱系中，只对有限的化合物进行了研究，并表明它们有可能扰乱肠道微生物群。大多数研究在设计和方法上各不相同，通常都是在高于正常饮食水平下进行的（Roca-Saavedra等，2018）。因此，从食品安全风险评估的角度来看，这些研究结果的用途是有限的，因为它不能反映真实的、低水平的膳食暴露。但是，一些研究通过评估低残留量的外源化合物对微生物组的影响，提示两者遵循剂量依赖关系（Piñeiro和Cerniglia，2021）。此外，在实验室动物实验中，观察到微生物群的改变与不良健康影响之间存在一定联系，但这些外源性化合物特异性引发的微生物紊乱与宿主改变之间的因果关系仍不清楚（Walter等，2020）。微生物组科学是一个快速发展的领域。食品安全风险评估机构密切关注着该新兴研究对食品安全风险评估的重要性（Merten等，2020；National Academies of Sciences，Engineering and Medicine，2018；Piñeiro和Cerniglia，2021）。但迄今为止，微生物组科学相关研究尚未能提供足够的共识和机理，也未建立足够的可重复性（Sutherland等，2020），因此目前无法得出明确的结论。

肠道微生物组抗食源性致病菌的作用

肠道微生物组有助于抵御食源性致病菌的定植和共生条件致病菌的增殖（Pilmis等，2020）。致病菌的定植不仅取决于感染剂量和宿主的免疫系统，也

取决于肠道菌群的健康状况。不均衡膳食和某些物质的食用都可能导致肠道菌群结构和功能的改变，这可以为致病菌打破肠道屏障提供机会。在兽药残留评估中，定植抗力可作为微生物学每日允许摄入量（mADI）的指标之一。

抗微生物药物耐药性（AMR）

2015年，在“同一健康”理念下，WHO制定了抗微生物药物耐药性全球行动计划（WHO，2015）。它认可食品和农业行业在全球抵御抗微生物药物耐药性中的作用（Cahill等，2017）。食物链将动物、人类、食物和环境微生物生态系统联系起来，这为抗微生物药物耐药性的传播提供了有利条件（Cahill等，2017）。肠道菌群被认为是抗微生物耐药性的储存库（Hu和Zhu，2016），在肠道中，尤其是大肠，高微生物密度使遗传物质极易发生转移（Smillie等，2011）。事实上，胃肠道不断暴露于来自环境（包括食物）的新细菌，这些细菌可能携带抗微生物药物耐药性基因，并可能将这些基因转移到肠道微生物组细菌中（Economou和Gousia，2015；Penders等，2013）。宏基因组学技术能够监测由此产生的抗性组[①]。宏基因组学技术作为一种整体分析方法，允许人们去研究人群中抗生素抗性基因的流行水平、分布和趋势，抗生素和非抗生素化合物的共抗性，以及水平转移可能性（Feng等，2018；Hendriksen等，2019）。

微生物组研究对监管的意义是什么？

化学品风险评估旨在评价食品添加剂、食品中化学残留、环境污染物及其他污染物的安全性，并作为建立健康指导值如每日允许摄入量（ADI）、急性参考剂量（ARfD）的基础。随着进一步的暴露评估，可以对风险进行表征，并以此为基础建立监管限量，例如，农药和兽药的最大残留限量（MRLs）、污染物的最大水平（MLs）和食品添加剂的最大用量水平（MUL）。尽管JECFA与联合国粮农组织/世界卫生组织农药残留物联席会议（JMPR）已经推进了将微生物成分纳入毒理学化学评估的程序（FAO和WHO，2009），但风险评估人员仍在就进一步将微生物组纳入化学品风险评估进行讨论（Merten

① 抗性组指微生物群落中抗微生物药物耐药性基因的合集（Kim和Cha，2021）。

等，2020；National Academies of Sciences，Engineering and Medicine，2018；Piñeiro和Cerniglia，2021）。

鉴于其对粮食体系的影响，监管决策需要仔细考虑。因此，支持风险评估的科学理论必须是稳健的、可重复的并基于适当和明确的指标。所以，尽管把微生物组作为风险评估的一个组成部分已得到广泛认可，但在将微生物组与食品添加剂、农药和兽药残留以及其他食品污染物相互作用的评估纳入监管活动之前，还需要解决关键的技术限制和知识缺口。

未来之路是什么？

未来展望

最新的趋势是将微生物组作为膳食干预的目标以促进健康，或将微生物组作为不同类型化合物如食品添加剂、兽药和农药残留以及环境污染物引起的人类疾病的中介。但是，支持任何主张的信息都需要仔细和批判性的解读。而对于绝大多数研究来说，仅是提供了微生物组紊乱与健康或疾病之间的统计关联，因此，有必要证明两者之间的因果关系，即证明微生物组组成和功能的变化与受试者生理病理变化之间的因果关系，这将证明微生物组确实有助于维持或破坏人体内稳态。而且，关于因果关系的进一步调查也可能表明微生物变化是疾病的结果，而不是原因。一旦因果关系得到证实后，就有必要去了解这种贡献的程度。

了解微生物组在健康和疾病中的相对作用和潜在机制，将有助于更新化学品风险评估和开发循证方法及框架，以评估微生物组相关数据。

评估微生物生态系统的动态变化已具备可能性，我们也已拥有了巨大潜能来研究粮食体系，包括配料、食品及食品生产链上不同场景中的微生物组。这些可能性与潜能包括：

- 建立不同生产阶段食品或配料中的微生物组指纹；
- 早期识别发酵剂、产品及食品生产场所环境的异常变化；
- 致病特征与抗性组的上下游监测。

未来研究领域

微生物组科学中**最基本**也是最重要的需求之一是对健康微生物组的定义达成共识，但确定健康微生物组的组成具有挑战性。饮食、生活方式、遗传及周围环境等因素影响着微生物组的演变过程，因而导致个体间存在着高度差异性。同样重要的是定义菌群失调，并将微生物组成及功能的正常波动与令人担忧的改变区分开来。

仍在发展中的分析技术和实验方法需要标准化和最佳实践指南，以提供一致的、可比较的和可重复的结果。并且，对于化学品风险评估而言，需要建立适合的实验模型，包括使用适当的低剂量测试化合物（如食品添加剂、兽药和农药的残留）和暴露时间。

尽管大多数研究主要针对微生物组中的细菌，但对于非细菌的研究还需要增加投入，如病毒、真菌、古细菌和原生动物。也需进一步的研究来阐明组学技术产生的所有大量数据，包括新微生物组成员的鉴定和对基因、代谢途径、蛋白和代谢产物的表征。

为了将微生物组与健康和疾病联系起来，关键是要证明两者因果关系，并对生物相关的微生物组紊乱进行表征。这需要识别和验证适合的微生物组相关的生物标志物和指标。

这些知识缺口限制了将微生物组作为工具以提高食品质量和改进食品安全过程的能力，包括将微生物组数据纳入化学品风险评估和为监管决策提供信息。

合作是前进的关键

微生物组科学本质上是一个多学科交叉的领域。大多数的突破性进展都是在多国联合下以大科学计划的形式取得的，如人类微生物组计划。

为了将食品微生物组作为化学品风险评估的一个新组成部分，并确定可能的框架，有必要成立一个包括风险评估人员、微生物组科学家和监管机构的多学科专家组。

当前对微生物组研究的强烈兴趣有时会导致言过其实，认为微生物组是几乎所有问题的通用解决方案。然而，这样的说法需要更有力的科学依据。因此，考虑到微生物组知识的现状和相关不确定性，有必要推动循证、一致并准确的传播策略。这不仅是一项具有挑战性的任务，也是一个让公众与农业粮食体系内的利益相关者接触的机会。

出于微生物组在农业粮食体系中的广泛潜在应用、相关问题的复杂性以及共识方法的必要性，所有利益相关方包括学术机构、研究组织、产业和监管机构的协同参与将会是有益且富有效率的。许多活动可以从这种互动中衍生出来，包括确定特定主题的研究需求、促进研究合作、开发最佳实践、开发和实施食品安全应用（如HACCP计划）以及能力建设等。鉴于FAO的共识驱动性质和使命，该组织有能力促进参与活动，并在农业粮食体系的微生物组相关对话中发挥推动作用。作为前进的第一步，FAO正在审查科学文献，以确定在理解食品添加剂、微塑料、兽药和农药残留、肠道微生物组和人类健康之间的相互关系方面的现状和知识缺口。随着新信息的出现，FAO计划将文献研究更新并扩大到其他相关物质和微生物。认识到研究需求及需要改进之处，将最终为确定和实施微生物组相关应用铺平道路，进而支持粮食体系与政策活动。

8

技术创新
与科学进步

无人机技术用于耕地状况监测。

科技创新正在改变农业粮食体系。而实现粮食高效低能生产的基本目标也离不开科技进步，例如，通过科学技术减少粮食生产过程中的农药使用和耗水量，以及提高土地利用率和增大农民经济受益等。此外，随着无人机和卫星等遥感技术、兼具分析和可追溯功能的先进技术、现实与云计算相互联动的创新技术，以及大数据信息处理技术等蓬勃发展，迎来了数字农业革命的时代(Delgado等，2019；FAO，2019；Lovell，2021；World Bank，2019)。

同时，食品工业的创新和技术进步也促使食品安全领域迅速发展（FAO和WHO，2018a）。应用于食品生产、加工和包装方面的新兴技术也可作为提高食品可追溯性、检测食品污染和调查突发事件的更优方法。下文简要介绍了部分用于保障食品安全的创新技术，顺序不分先后。然而，由于这些技术和创新尚未完全成熟，仍面临着诸多机遇和挑战，其中部分技术还处于起步阶段。

包装

适度包装旨在保持食品品质，使其易于运输、储存和销售。通过包装外部的文本和标签，消费者可以得知食品的营养成分含量以及潜在安全问题。在食品贮藏和分销过程中，各种生物或化学反应的发生致使食品品质下降，而适度包装能有效减缓上述过程。保持食品品质不仅关乎消费者健康、降低食源性疾病风险，还能最大程度地减少食品损失和浪费，从而保障食品安全。部分与食品包装相关的关键食品安全问题在第6章中进行了讨论。

为适应全球化快速发展、食品供应链的延长、食物节约意识的增强以及消费者偏好的多变性，活性包装和智能包装这两个新概念应运而生。其中，活性包装通过在包装材料中添加各种成分，以延长食品的保质期。这些成分，例如氧清除剂和乙烯清除剂、水分调节剂、具有缓释作用的抗氧化剂和抗菌剂等，能够根据包装内外部环境的变化而吸收或释放物质，从而保证食品的质量与安全。

智能包装包括能够监控被包装食品的状况和包装内部环境的材料，当产品受到损害或污染时及时提醒生产商、销售商或消费者，例如，通过包装颜色的变化指示食品是否变质（BBC News,2021）。此外，智能包装还包括“智能”标签，该标签能够对供应链中的产品进行追踪，当存在潜在污染时，对供应链中的产品快速识别并确保其不受影响。此外，智能标签还可以显示物理标签所不具备的附加信息，例如，食品来源和过敏原信息等。[①]

① 智能标签包括QR码、电子商品防窃系统（EAS）标签和特殊配置的射频识别（RFID）标签(Bhoge，2018)。

纳米技术

虽然纳米技术本身并不新颖，但基于其在食品包装、加工、营养和安全方面的新应用和优势，纳米技术在食品工业中的应用又重新引起了人们的关注。例如，通过该技术制备纳米载体，用以封装和递送维生素补充剂及如抗结剂和抗菌剂之类的其他食品添加剂等营养物质。其次，纳米复合材料可以提高食品包装材料的机械强度和阻隔性能。此外，纳米技术在食品纳米传感方面也具有潜在应用，其作为活性包装的一部分，可用于病原微生物的检测，从而提高食品安全与质量（Singh等，2017）。如在废水处理过程中，选用低成本的纳米过滤器有助于提高农业、水产养殖和生活用水的品质和安全性，具有广泛的应用前景（FAO和WHO，2012）。

当前，纳米颗粒被人体摄入后的代谢途径及其可能存在的潜在安全问题尚处于研究阶段。此外，此类材料在其使用周期结束时该如何处理，即纳米材料是否可降解，或其能否与环境中化学物质发生相互作用或累积等，是另一个研究热点（EFSA Scientific Committee等，2018；FAO和WHO，2010，2013）。近期，欧洲食品安全局（EFSA）食品添加剂与调味料专家小组（2021）对二氧化钛（食品添加剂E171）纳米颗粒进行了安全性评估，研究指出，人体摄入二氧化钛纳米颗粒的吸收率与积累率较低。

食品3D打印技术

该技术相关的**第一个实例**于2007年被报道，即通过增材制造或3D打印技术，将流体或半流体食品材料加工为可食用形式（Malone和Lipson，2007）。大多数用于食品加工的3D打印机均基于挤压技术，即移动喷嘴按照3D模型预先设计的图案挤出食物配方或“墨水”（Godoi等，2016）。其中，部分设备能够同时对食品进行打印和烹饪（Blutinger等，2021；Gibbs，2015）。3D打印的原材料除了巧克力、奶酪、糖和淀粉基食品等一些常见食材以外，如海藻、昆虫粉、水果和蔬菜等替代材料也逐渐受到关注。

3D打印在食品领域的应用场景较多——从打印糖果和甜品，到将食物废弃物重塑为可食用的食品（Banis，2018；Garber，2014）。此外，3D打印还可以混合包括包埋的益生菌和维生素在内等几种不同的成分，并通过共挤压进行打印，从而实现食品的多样化和个性化。随着植物性饮食的普及，3D生物打印能够将植物性成分加工成“肉”样纹理（Moon，2020）。最新研究进展以活体动物组织为原料，实现了牛排的3D生物打印，推动细胞基食物产品的进一步发展（Bandoim，2021）。在食品3D打印技术的基础上，更为先进的食品4D打印技术目前正处于研发中。4D打印主要通过调控pH、温度和湿度等刺激因素，从而改变食品的颜色、形状或风味。例如，Ghazal等（2021）基于4D打印技术设计了一款含花青素的马铃薯淀粉基食品，可以利用pH变化对花青素的影响来改变食品的颜色。

3D打印巧克力产品。

然而，不管是家用还是零售层面，实现这项技术的广泛商业化还需要对潜在的食品安全风险进行全面评估，而目前关于3D打印食品各方面的食品安全研究有限。此外，3D打印食品可能存在一些潜在的食品安全问题，包括化学物质从3D打印机到食品的迁移。为预防该安全问题，选用食品级材料制造与食物接触的部件极为重要（Azimi等，2016）。另外，全面拆卸和清洁3D打印机能有效减少来源于设备的微生物污染，并降低交叉污染风险（Severini等，2018）。

手持设备

食品传感技术应用于便携式分析仪能够实时检测食品中的各种污染物，从而使分析速度快于实验室检测。此外，非食品安全专业人员也能够轻松掌握该类设备的操作。例如，农民可以利用便携式分析仪检测农作物的农药残留水平，或者超市在商品上架前可以通过便携式分析仪检测各项污染指标（Chai等，2013；EC，2019；World Bank，2019）。

消费者可以通过即时诊断技术对食品中的某些成分进行实时现场检测，例如，鸡蛋、谷蛋白或花生等食物过敏原检测。随着食物过敏逐渐成为重要的公共卫生问题，分析速度快且低成本的手持设备也可用于食物过敏原的临床检测。由于许多过敏体质个体通常对多种食物过敏，因此能够检测系列过敏原的手持设备亟待开发（Albrecht，2019；Neethirajan等，2018；Rateni等，2017）。

然而，某些设备只能检测食品浅表层，而无法对食品内部的物质进行分析。在某些情况下，手持设备筛选实验的结果并不一定准确，可能还需要仪器分析进一步验证。此外，目前阈值检出限国际标准的缺乏，也是一大挑战。

分布式账本技术（DLT）

区块链是分布式账本技术最广为人知的用途之一[①]，它由诸多加密的共享

① 在已报道的文献中，区块链和分布式账本技术这两个术语经常通用。

数据块按时间顺序串联而成（Karthika和Jaganathan，2019；Mistry等，2020；Nakamoto，2009）。该数据作为网络成员互相共享的交易记录，更易于访问且难以篡改（Atzori，2015；Cai和Zhu，2016；Underwood，2016）。由于此类数据库的分散性，网络中的所有成员均能在去中心化的情况下检查和记录数据。

分布式账本技术，尤其是区块链技术，在食品领域的应用是一个新兴领域，且在食品安全控制方面前景广阔（Li等，2020；Pearson等，2019）。例如，区块链技术主要用于保障食品的可追溯性，它能够完整地记录食品在供应链中的每一阶段，从而实现食品"从农田到餐桌"的全程追溯（Aung和Chang，2014；Pearson等，2019）。该技术增强了食品加工的透明度和可追溯性，能够更为及时地发现受污染的食品，从而使选择性的食品召回更为便捷（Li等，2020；Yiannis，2018）。据美国一位零售商所提供的信息，在使用区块链技术后，芒果的溯源时间从原来的一周缩短至2.2秒（Kamath，2018；Unuvar，2017）。区块链技术通过实现食品的可追溯性，同时也建立起消费者对食品安全的信任。此外，区块链技术甚至可以预防或规避某些食品供应链中的欺诈行为（Cai和Zhu，2016；Li等，2020；Yiannis，2018）。

然而，必须指出的是，当前分布式账本技术本身判断数据质量的能力仍是有限的。数据可能是从不可信的来源输入，或者可能是不正确的，从而永久记录错误的数据。同时，分布式账本技术的去中心化本质也决定其治理不同于现有的层级制治理结构。数字域的治理可能很复杂。然而，构建适当的治理结构是分布式账本技术成功实施的关键，尤其在数据权限、隐私和保护等相关问题方面（van Pelt，2020）。另一重要方面则是对互操作性的需求，以实现食品工业中的数据在不同网络间的无缝流动。食品供应链可能会选用多种不同的分布式账本技术，而互操作性的缺乏会导致食品供应链中的信息不对称和碎片化。同时，在单个网络边界内保留分散属性的需求使得互操作性的概念变得复杂（Deshpande等，2017）。此外，由于人们对环境可持续性愈发重视，而使用某些计算能力强大的区块链耗能较高，这也可能使得区块链技术的应用更为复杂（Kaplan，2021）。因此，这些新兴技术可能带来的环境问题仍有待进一步评估研究（Köhler和Pizzol，2019）。

物联网（IoT）

各种传感器，例如温度传感器、湿度传感器和pH传感器等，共同组成一张庞大的设备网络，并分布于食物链的各个环节以采集相应的信息，最后通过物联网平台实现数据共享。而物联网平台接收并整合各种来源的数据，依此进行进一步分析，然后选择性地提取有价值的信息，并远程发送或共享至相关收件人（Bouzembrak等，2019）。此外，物联网还可用于食品溯源，食品经销商能够通过该技术对食品生产全程进行追踪和记录，同时确保食品在适宜温度下储存（Cece，2019）。对于消费者而言，与物联网相连的智能设备正在变革厨房，例如，智能冰箱能够对食物进行扫描和分类，从而进行高效贮藏。物联网还能够指引房主整理食品，并协助他们规划饮食，以尽可能地减少食物损耗（Landman，2018）。

遥感技术

如今，高分辨率卫星影像以及带有摄像头和精密传感器的无人机能够帮助粮食生产者远程实时采集如农作物健康、生长和成熟情况以及土地状况等关键信息，同时监测天气变化，从而为农业生产带来变革。此外，后端设备可以通过机器学习算法进行图像扫描并获取更深层的分析数据。遥感技术还可以及早发现有害生物的破坏和疾病的暴发，依此对农作物采取更具针对性的措施，从而避免农药、化肥和抗生素等农用化学品的滥用（Delgado等，2019；Raza等，2020；World Bank，2019）。这种种植方式也称为精准农业，需要通过一个技术网络将多台仪器设备相关联，而这正是物联网的应用所在。

将地理信息系统与预测风险评估模型相关联，能够对何时、何地以及何种情况下，农作物可能受到的微生物或化学污染进行预测，从而尽早在预警系统中发出警示，并规避供应链下游的食品安全风险（Mateus等，2019）。

大数据

简而言之，大数据是指从各种来源快速收集的大量数据。在食品安全领域，这些数据可以源自数据库、传感器、手持设备、社交媒体和组学分析等（Donaghy等，2021）。大数据可以通过物联网、全基因组测序、二代基因测序和区块链等新技术提醒我们食品供应链中的食品安全风险。另外，上述技术所产生大量高度可变的数据需要相关工具进行信息处理，以便能够及时有效地做出相应措施，特别是在食源性疾病暴发期间的病源筛查，以及基于气候数据分析食品安全风险等（Donaghy等，2021；Marvin等，2017）。

然而，由于食品安全相关信息和数据往往包括食品、健康和农业等多个层面，因此实现大数据在食品安全中的应用并不容易。另外，通过监控与监测等传统方法收集得到的食品安全数据比较有限，而不同地区间的数据采集通常也不统一。因此，大数据在食品安全中的应用需要构建一个合适的平台以收集、储存和分析各种数据，同时对数据权限和使用建立保障措施（Marvin等，2017）。

人工智能（AI）

人工智能融合了机器学习算法的**优势**，能够基于大型数据集进行检测和预测。将基于人工智能的新算法用于常规的预测技术，能够增强和提高其在食物链中的预测能力。此外，人工智能有助于实现食品“从农场到餐桌”的溯源、预测市场波动、促进农业自动化发展和预测危害健康的违规行为，甚至可以应用于食源性疾病监测。

人工智能同样也为物联网的机器学习算法和决策制定提供支持，从而对物联网在食品工业中的应用和部署意义重大。例如，人工智能赋能的物联网，有时也称为人工智能物联网或AIoT，可以通过预测分析提高运行效率，例如通过示警设备何时需要维护或临近报废且需要更换，以增强风险管理能力并维持性能。人工智能物联网可以协助检出食品加工过程中存在的缺陷，例如，在食品制造工厂中，人工智能物联网能够督促生产工作人员遵守食品安全规范等（Friedlander和Zoellner，2020）。然而，尽管这项技术为食品安全提供了保障，但是它并非全无风险，为避免如人为偏见、数据不准确和网络攻击所带来的安全问题等情况，还需采取适当的应对措施。

自动化技术

为了更好地管理人为造成的食品安全风险，可以应用先进的机器人技术和人工智能物联网，通过预防如交叉污染等问题以提高食品的安全性。以前，机器人基本只应用于食品加工最后一步的包装工序，而如今，它们越来越多地被用于处理未包装的产品（Mohan，2020）。因此，为了高效且无损地处理易受损的食品，由柔性材料制作的软体机器人被一些食品生产商用于采摘水果，或被食品生产企业用于维持自动化仓库的运行，以及被加工工厂用来处理各种食品产品（Jones等，2021）。此外，为确保机器人本身不会对食品造成污染，又额外研发了一系列机器人用以清洗自动化加工工厂的全部工作区域（Jarrett，2020；Newton，2021）。协作机器人是指有限监督场景下能够与人类协同工作的新一代机器人。它可以代替人类工作人员在可能存在健康危害的区域进行作业，或执行一些简单的重复性工作，同时能确保产品质量和标准化（So，2019）。

科技进步促进化学混合物的风险评估

FAO和WHO**所提供的科学建议**是国际食品法典委员会制定国际标准的基础（FAO和WHO，2018b）。随着科学不断发展，同步保持和提高食品安全风险评估的可靠性、稳健性和相关性非常重要，这反过来又有助于构建合适的监管体系和食品安全标准。

用于食品安全风险评估的方法在很大程度上取决于评估的目的，以及检测时相关物质科学数据的数量和质量。这意味着食品安全风险评估仍需要不断发展，以便在给定时间内匹配到相应的科学理论和方法，从而对化学混合物联合暴露的食品安全风险评估进行解读。

化学混合物联合暴露的风险评估在过去几年中不断发展。然而，目前食品中的化学危害风险评估通常仅针对单个化合物进行分析[①]。尽管并非所有的化学物质都会对人体健康产生危害，但人们往往会同时暴露于多种低剂量化学物质而食物和水等多种途径会增大暴露的可能性（Drakvik等，2020）。

© Shutterstock/Microgen
自动化技术在农业中的应用。

2019年，FAO和WHO召开了一次专家研讨会，旨在为多种化学物质联合暴露的风险评估具体步骤制定指导方针（FAO和WHO，2019）。专家们一致认为，如果待测物暂未被既定化学小组研究，后续会由JMPR或JECFA确定是否需要将其纳入多种化学物质联合暴露的风险评估范围。另外，JECFA和JMPR均会在全面实施该方法之前试行拟定的指导方针（FAO和WHO，2019）。如EFSA、经济合作与发展组织（OECD）和美国国家环境保护局等其他组织也颁布了针对化学混合物联合暴露的指南和方法（EFSA Scientific Committee，2019；OECD，2018；US EPA，2000，2003，2008，2016）。

由于化学混合物的评估是一个不断发展的领域，因此，持续监控和合理更新风险评估过程尤为关键，以确保基于评估结果所提建议的合理性和相关性。

未来之路是什么？

技术创新正改变着农产品领域，包括食品安全领域。数字化、科学创新和技术进步均能推动国际贸易向更快捷和更高性价比的方向发展，并能够降低市场准入门槛和增强市场包容性，同时提高食品供应链中的食品安全性，避免

① 此类评估评价了与化学食品危害相关的诸多风险：已知或潜在的健康危害效应的本质；根据健康危害发生的概率和严重程度进行风险评估；普通人群、儿童和孕妇等风险人群识别，以及与现有数据相关的不确定性，如有限的毒理学数据、食物摄入量和暴露评估等。

欺诈行为。然而，在新兴技术的发展中，机遇与挑战并存，我们需要以批判性的思维来平衡其中的益处和风险。在实施和应用新兴的创新技术过程中，促进标准化和最佳方法落实、访问精准可靠的参考数据库、总结经验教训以及提高跨利益相关者之间数据共享的透明度等举措必不可少。事实上，科技的快速发展往往超前于相应监管法律的制定或更新。此外，科技进步将持续提供合作机会，并能从食品部门的各种来源获得大量不同的数据。由于这些数据的管理方法较为混乱且不完善，因此，数据权限、隐私、共享及是否会存在滥用等关于信息可信度和透明度的问题引起了人们的关注（Jacobs等，2021）。

在全球农业粮食体系中，尖端技术的应用并不均衡。把对新技术缺乏获得机会及负担能力的食品链参与者排除在外，将会加强并加速上述不平等现象。如果采用这种技术需要大量投资和能力发展，食品链中的中低收入参与者可能将被排除在外。例如，如果经销商要求所有供应商实施区块链技术来保障食品安全的实时可追溯性，则会加大供应商的市场进入成本，而无法满足这些要求的供应商可能因此被排除在市场准入之外。另外，受食源性疾病影响最大的国家，可能最适合引入基于创新技术的分析设备，然而，这些国家通常也无法承担这些技术或具备足够的资源来实现其发展。为了促进科技成果共享，国际组织还需要做出更多努力，以帮助中低收入国家缩小技术鸿沟。这或许可以采取如下措施：例如，对道路、电力和采后存储设施等基础设施进行投资，这可能也是农民所面临的一些主要制约因素；以及提高操作技能和培训技术专长，以促进对新兴技术的认知并提高用户的能力。

最后，值得强调的是，科学是食品安全的核心。健全的科学原理的发展和应用是制定食品安全监管体系和政策的基础，而所建的体系和政策也是在不断变化的农业粮食体系中维护公共健康所必需的。在食品安全中，科学、风险评估和风险管理之间的关系一直都比较复杂，而在这科学进步和技术创新日新月异的时代，更是如此。

9

食品欺诈——重塑叙事

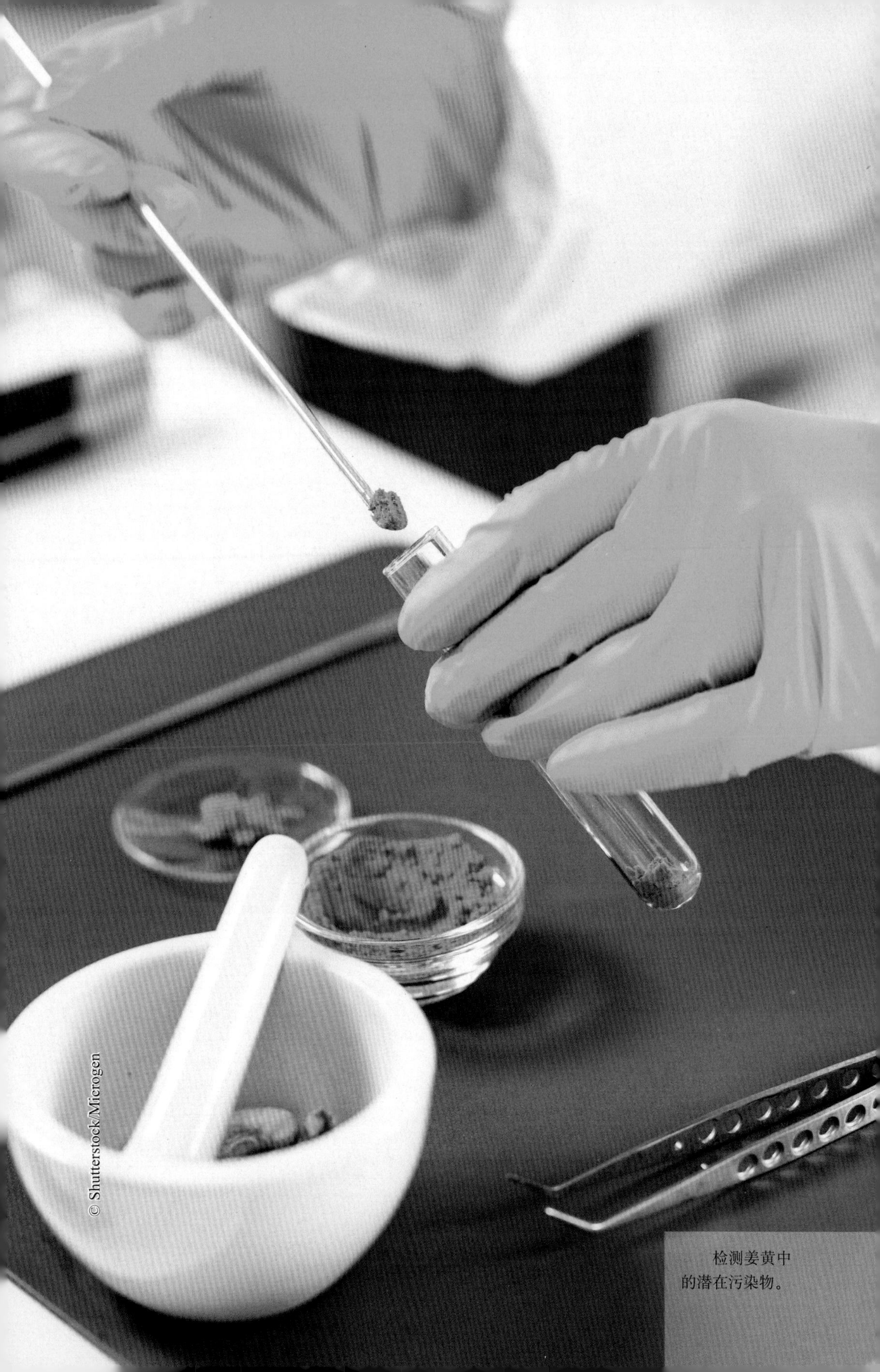

检测姜黄中的潜在污染物。

食品欺诈是农业粮食体系中令人不安和不幸的一部分

食品欺诈包括各种故意欺骗的行为，其目的是欺骗农业粮食体系来获取经济利益[①]。

自古以来，食品欺诈一直是一个令人担忧的问题[②]。欺诈者利用创造力和资源在市场上投放名不副实的商品。为了避免被发现，他们用不引人注意的方式进行活动。这样他们欺骗了整个体系，破坏了控制机制。通过故意违背食物明确的和暗含的名称，他们破坏了我们与食物之间的关系，使我们对食物的信心和未来期望产生了消极影响。

最近的丑闻使食品欺诈成为了公众讨论的焦点，这一话题引起了消费者、商业部门和政府部门的关注。此外，食品欺诈仍然是农业粮食体系内部相互作用和关系的持续威胁，同时影响着农业粮食体系内部相互作用的结果，其中之一就是食品安全。食品欺诈带来的经济负担（Bindt，2016）有两方面：经济损失和市场主体之间的不公平。

尽管在通信、分析和价值链可追溯方面取得了技术进步，但复杂的食品欺诈问题并没有简单的解决方案。

总之，目前的说法是，食品欺诈事件不断增加，农业粮食体系受到犯罪分子的破坏，同时呼吁作出紧急反应，但没有过多考虑可以做什么以及如何做。这种叙事并没有进一步将犯罪本身的影响与犯罪对我们情绪造成的影响分开（Levi，2008）。

使用前瞻性思维来调整叙事

目前有关食品欺诈的叙事似乎限于有限的主题，这里分享的思维建立在一种前瞻性的方法之上，旨在推动关于食品欺诈的叙事超越当前的方式。我们将首先扩大视野，考虑对分析食品欺诈问题至关重要的各种系统要素，然后重新组合这些不同的思路，以形成能够支持该问题真实评估的论述。

我们从一个基本前提开始：没有食品欺诈企图的农业粮食体系是永远不

① 食品欺诈不同于生物恐怖主义，因为生物恐怖主义的目的是为了造成伤害或形成让公众不安或恐慌的高关注度。

② 监管食品欺诈的努力包含在《汉谟拉比法典》中，这是一部来自古代美索不达米亚的巴比伦法典，日期约为公元前1754年。

存在的。但我们认为，更全面地了解问题及如何保持一个明智的防范水平，将有助于我们最大限度地降低风险，并保持对我们食品的信任（FAO，2021）。

在接下来的章节中，我们将首先讨论由于复杂的供应链而导致食品欺诈案件不断增加的普遍说法是否属实，然后将继续讨论我们的食品控制系统所赖以建立信任的原则。我们还将继续研究立法在增加信任和解决食品欺诈方面发挥的作用。最后，我们回到社会互动中信任的概念，看看消费者在粮食体系中发挥的作用。

发病率上升的观点并没有确凿的证据

食品欺诈增加的**支撑论点**是建立在以下一种或多种基础上的：最近的丑闻，记录数量的增多（European Commission，n.d.），学术出版物的增加，分析结果的增加，以及全球供应链的日益复杂。

这些论点助长了我们对失控的恐惧，形成了更大的“故事”；然而，更仔细地观察这些数字可能会得出不同的结论。

首先，被引用来证明食品欺诈案件增加的数据未偏离一个共同的标准，用于确定食品欺诈经济负担的方法也不一致（Bindt，2016）。关于数据，需要补充的是犯罪的隐藏性使得可靠地获取数据几乎不可能（Reilly，2018）。

其次，复杂食物链和全球化导致食品欺诈日益增加的观点值得进一步讨论。与食品相关的欺诈行为早在巴比伦时代就受到了严厉惩罚（Yale Law School，2021），同时关于19世纪初使用化学分析方法证明食品掺假水平的研究报道（Shears，2010），也表明无论全球化水平和供应链的复杂程度如何，这种机会犯罪会一直伴随着商业活动。

作为这些观点的另一种选择，我们建议将请求的增加，例如那些提交给新成立[①]的欧盟食品欺诈行政援助和合作系统（European Union Administrative Assistance and Cooperative System for Food Fraud）就可疑欺诈案件进行合作的请求（European Union，2020），视为由于人们意识和愿意的提高从而为食品欺诈管理系统所做出的贡献，而不是案件数量增加的证明。

我们进一步建议，将已公布的识别食品欺诈分析数据的增加视为农业粮食体系内分析资源转向这一必要工作的标志，因此也是对提高透明度和识别迄今未被注意的案件的一种贡献。

食品监管建立在农业粮食体系行为者的信赖之上

在过去的一个世纪里，分析技术的不断进步、我们对食品安全危害的认

① 该系统建立于2016年。

识、公众议程转向饮食与健康之间的关系，以及对非常突出的食品安全恐慌的反应，导致人们将关注重点放在如何保护消费者免于食品安全风险，而非欺诈。公共卫生和贸易便利化是食品监管系统预期的政策成果，反映了这一事实（FAO和WHO，2019）。

食品安全是一个运转良好的食品监管系统的核心成果，是该系统中履行行业良好操作规范义务的所有行为者的努力结果。多年来，根据经验，监管已从不信任和惩罚转向学习和改进的方法，即期望并鼓励生产者和加工者为实现安全食品的共同目标而采取适当的做法。监督活动的开展基于这样一种理念，即大多数行为者希望并正在尽最大努力遵守规则。这种食品监管系统的方法创造了一种可预测的环境，从而支持贸易、公共卫生并建立消费者信任。

但这种成功的模式建立在所有利益相关者都希望按照一套商定的规则、做法和共同责任行事的共同理念之上，食品欺诈却恰恰相反：它既从已建立的信任机制里获取利益，同时又破坏了这些机制，从而瓦解了多层面的责任分担体系，直至实施欺诈的行为人。因此，我们的食品安全和质量依赖于欺诈者所做的决定和行动，这反过来又会增加食品安全风险，即使食品欺诈的目的只是为了经济利益。

这种情况给食品监管系统带来了压力，因为欺诈者认为这是一个机会，可以从其他人为建立信任所进行的努力中获益：欺诈者无视使该系统值得信任的道德原则。尽管如此，我们仍认为不要对该系统失去信任，而是要继续努力维护它，确保它能够抵御此类攻击。

监管是农业粮食体系中建立信任的核心部分

政府处于一个不令人羡慕的位置，它们不得不制定政策和法律，以应对农业粮食体系面临的难以衡量和预测的风险。

好消息是各国、各地区和国际社会正在应对食品欺诈带来的挑战。这为学习其他国家所采取的方法和经验提供了机会。在本节中我们将介绍五项监管策略，各国可从中借鉴，以解决食品欺诈问题、提高粮食体系的信任度。这

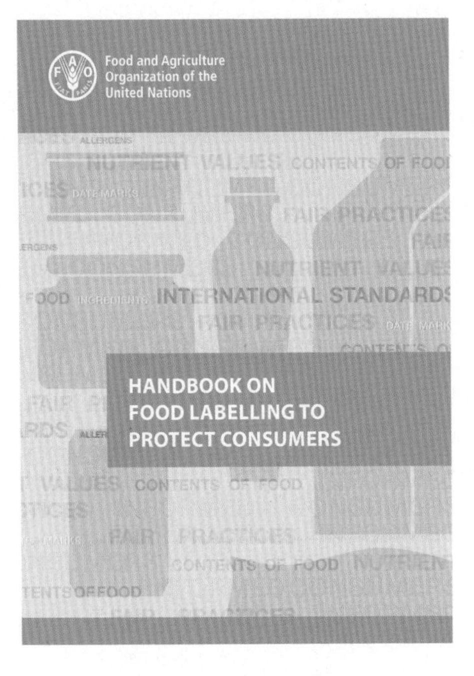

些策略基于：①食品安全和质量框架；②消费者保护立法；③合同法；④刑法框架；⑤公私合作（Roberts等，即将出版）。

这一分组只是为了给制定具有共同目标的国家策略提供一个方向；然而，每项策略之间存在较多的重叠和相互依赖。此外，这五个类别并不全面，各国可能有其他适用于食品欺诈的方法。本节隐含的建议是，各国政府不能仅通过颁布一项法律或一项策略来全面解决食品欺诈问题。政府要成功解决食品欺诈问题、提高农业粮食体系的信任度，就需要粮食体系考虑多种策略，并需要政府机构与私营部门的协调努力。

无论选择何种总体策略，各国可能会发现在其法律框架中定义“食品欺诈”是有益的，这可能要依靠故意、欺骗和不正当利益等定义要素。虽然对食品欺诈的法律定义对于打击食品欺诈并不是必需的——基本上所有被归类为“食品欺诈”的行为在大多数国家法律框架中都已被禁止——但商定的定义仍可能在阐明监管机构的意图方面带来重大好处，并有利于激发行动和对所选监管战略的支持。

食品安全和质量是打击食品欺诈立法的“传统”出发点，特别是但不限于当欺诈构成健康风险时。许多国家在食品安全和质量立法框架内管理食品欺诈，包括关于标准制定、标签和质量控制的规则。这些法规有助于防止食品欺诈，并为监督、控制、执法甚至起诉提供法律依据。这种方法的主要限制是，在食品欺诈不构成直接健康风险的情况下，它可能不太有效，因为该系统的建立是管控特定的（大部分是已知的）危害食品安全问题，这对管控欺诈者正在使用的伎俩可能并不奏效。

消费者保护法为政府保护消费者免受食品欺诈提供了多种选择。这一领域法律保护的核心在于消费者有权不被不符合其期望的产品与服务所欺骗，有权获得关于他们想要购买的产品或服务的准确充分信息，并有权针对欺诈和其他不公平的贸易行为寻求补救。根据消费者保护法，消费者可以通过起诉违规食品经营者的欺诈行为，以尝试直接补救食品欺诈。这种方法的局限性来自于消费者利用其掌握工具的能力和知识，以及消费者保护机构识别和应对食品欺诈的知识和能力。

合同法提供了另一种策略。食品供应链通常由垂直和水平的合同链组成，这些合同链连接着从生产者到消费者的各个核心价值链参与者，以及支持服务运营商之间的合同关系（如投入物购买、金融协议）（FAO，2020）。欺诈行为经常发生在这些供应链合同的背景之下：合同一方无意遵守合同，而是故意提供与合同中描述不符的产品，并试图在这一事实上误导对方。因此，食品欺诈通常是对基础合同的违反，从而属于本国合同法的范围并适用本国合同法。如同消费者保护法一样，合同法在强制执行下保护个人权利的实际可能性有限。

刑法和行政法典也可以界定食品欺诈的违法行为和制裁措施，以补充监管框架。将食品欺诈纳入刑法反映了这一问题的特殊性及其潜在危害。虽然刑法确实为起诉食品欺诈提供了有效途径，食品欺诈通常是国家刑法规定的一种欺诈形式，但应注意不要将刑事执法的使用扩大到与食品安全和质量标准有关的其他形式的违法行为。正是因为食品欺诈发生在犯罪和不合规商业行为的交汇处，所以将其概念化为犯罪——根据国家立法的要求确定某些严重程度和故意程度的要求——对于有效控制食品欺诈非常重要。

针对全球与国内食品价值链欺诈行为的**私营部门监管策略**已经出现。在策略上利用私营监管举措来控制食品欺诈，特别是在跨国合同方面，仍有很大的空间。尤其值得探索和考虑的是，在国内和国际食品价值链中控制食品欺诈的自我监管和共同监管的策略以及公私协调的机会，也包括食品公司制定最佳或良好操作规范。

带着所有这些以及更多的选择，监管食品欺诈以增加信任、选择并实施最适法律策略，需要深思熟虑分析、过程导向和巧妙执行。它还要求考虑食品欺诈与公共卫生、经济因素、公平商业惯例和消费者利益之间的相互关系。所选择的食品欺诈监管方法还取决于该国现有的法律制度类型（如民法或普通法）、现有的法律和制度框架以及可用的资源。最重要的是，打击食品欺诈的成功战略取决于食品供应链上各级治理的战略合作。

技术之外：考虑社会互动中的信任

尽管食品欺诈破坏了信任，但我们需要提醒自己，信任是高度分化的社会经济体系的产物（Bachmann，2001）。全球化供应链的存在和运作正是基于信任，我们通过信任来应对不确定性。事实上，在缺乏信任的社会经济体系中，互动被限制在不利于增长的控制水平，因为一切都必须在视线范围之内。社会通过制度和其他机制不断产生信任（Zucker，1986），经济是持久社会实践模式的结果。通俗地说，社会是由共同信仰通过一种模糊逻辑组成，而不是计算。

员工检查瓶装橄榄油。

在这种社会经济背景下，当提到食品欺诈时，消费者被认为是农业粮食体系中最薄弱的参与者。他们的角色是系统的最终信任者，他们消费来自价值链的食物。在消费者可以对购买哪种食品进行选择的农业粮食体系中，他们可以把钱放在他们信任的地方，从而承担一定的责任。

在大多数欺诈案例中，消费者无法识别食品是否掺假，或者标签是否准确地代表了包装内容。因此，他们对所购买食品的信任在很大程度上取决于这些食品所来自的整体监管框架，以及生产和加工行业对遵守标准的承诺。

每一次技术进步、社会变革和监管成就都会对农业粮食体系提出更高的要求，使其达到下一个期望水平。除了营养和健康需求外，食品还是与环境、生产方式、工作条件等有关的全球社会价值观的载体。

此外，农业粮食体系行为者知识的增加似乎也产生了对食品属性更多控制的需求，这反过来又对食品部门提出了满足这些价值属性需求的要求。

当然，属性的增加需要更多的控制措施，以确保符合这些标准与标签的食品并不是在贩卖空头支票。然而，这些额外的属性为食品欺诈提供了更多机会。

我们不应将其视为一场永无止境的促成欺诈的方式，而应继续走建设有韧性的农业粮食体系的道路，用社会科学提供的声明来反对对更多控制和更多数据的要求，这与之前的“模糊逻辑”描述相联系：潜在的信任者需要充分的理由而不是精确的数据来做决定。

未来之路是什么?

我们必须清醒地认识到，我们无法消除农业粮食体系中的欺诈行为，欺诈者是免费搭车者，他们的商业活动就存在于信任系统存在的地方。

有人甚至会说，对系统造成压力的不利情况会确保系统保持警惕，从而更好地应对不利事件。认识到这种想法只是理论上的，我们强调最后的决定权必须留给那些承担着最大限度减少经济损失、潜在健康后果以及欺诈行为所带来的整体信任侵蚀的责任方。

一种建议的未来措施是避免对新闻中出现的每一个新的食品欺诈丑闻做出仓促反应，而是分析该如何使用适当的监管策略组合来制定本国家和区域的方法，包括本书中介绍的那些策略。

© Shutterstock/Microgen

同时，我们告诫不要完全依赖数据和基于数据的技术作为解决食品欺诈的处理方法。数据本身并不能提供更多的清晰度，也不能解决欺诈与人类固有的行为活动有关这一事实。我们更建议将超越数据的审视视为一种解决方案，并将社会变量视为食品欺诈讨论中同样有效的因素。

在为更好地应对欺诈而重组食品监管体系的过程中，倾向于对农业粮食体系的行为者增加额外的行政负担，这只会使支持贸易和确保公共卫生的成功机制减缓。

如前所述，提高意识与警惕并继续为建设有韧性的农业粮食体系付出努力，是我们确保食品欺诈损害可控的最佳机会。

10

总　　结

前瞻活动在确定新出现的食品安全挑战和机会方面发挥着重要作用，这些挑战和机会将随着全球环境的变化和农业粮食体系的不断转型而继续出现。

随着我们生产、分配和消费食品的方式正在发生转变，需要进行有效和主动的食品安全管理，以跟上不断变化的全球背景，确保在整个农业粮食体系中以食品安全为基础的警戒线。因此，前瞻活动在食品安全中的应用从未像现在这样合适。前瞻活动可用于阐明尚未得到充分重视的新领域，例如，通过强调气候变化对食品安全的影响（FAO，2020），这一主题不像气候变化的其他影响那样广为人知。随着科学的发展，前瞻活动为充分评价与之相关的利益和风险提供了机会，从而可以制定适宜采取和实施的战略。本书各章节概述了FAO食品安全前瞻计划确定的一些新的关注领域。

随着粮食生产的集约化，人们越来越关注可持续发展和资源枯竭问题，推动了循环经济概念的普及。虽然在农业粮食体系中实施循环经济可以带来许多好处，如最大限度提高自然资源的价值、减少粮食浪费、使自然系统再生等，但它也可能使该系统内引入（或重新引入）和聚集食品安全危害的潜在风险增加，本书通过对塑料回收的简报探讨了这一领域。

越来越多的人认识到粮食生产对环境、气候变化和人口增长的不利影响，这不仅推动了塑造我们未来农业食品格局的创新，也影响了消费者的偏好和由此产生的饮食变化。新的食物来源（如昆虫、海藻等）和新的食品生产系统（如细胞基食品生产）在满足人类和地球健康目标方面，正获得全球消费者的关注。为提供适当的监督而制定的监管保障措施，要求与新食品来源和新食品生产系统这些快速扩张的食品行业保持同步。了解这一领域可能带来的特殊的食品安全问题将有助于建立必要的准则和标准，以充分实现这一领域的潜力。

微生物组的结构和动态在整个农业粮食体系中对人类和动物健康影响的作用正日益得到理解。最近的文献对微生物组与一系列人类疾病之间的联系以及它们在调控化学危害暴露方面的可能作用提供了新见解。微生物组对健康作用的理解不断加深，也要求将这部分内容更好地纳入食品安全风险评估过程。此外，由于微生物组评估处于生物和化学风险评估的交叉点，它也提供了这两个学科之间合作的机会。

区块链和人工智能等技术创新可以对食品安全产生变革，并反过来为农业粮食体系带来变革。为了促进这一点，需要建立基本的基础设施、监管框架和执法程序、更好的数据保护和管理。此外，这些进步还需要带到最需要的地方。随着全球不平等现象的加剧，社会和经济发展受到威胁，科学进步和技术创新的获取及使用差距可能成为公平分配科学和创新应用的主要绊脚石。

> **前瞻活动将使人们能够从粮食体系角度看待新出现的问题，鼓励以整体的方式评估可能对食品安全产生不同影响的机遇和挑战，并由此对农业粮食体系产生影响。**

国际社会越来越认同粮食体系的思维与“同一健康”的重要性，要求采取整体方法来应对农业粮食体系面临的新挑战，而不是采取孤立的应对措施。此外，不断变化的全球农业粮食体系背景突出了承认食品安全日益增长的相互关联性、复杂性和多维性的重要。前瞻活动为整体上探索新出现的机遇与挑战提供了一个途径，囊括了影响这些机遇和挑战的所有因素，从而使食品安全部门能够对食品安全内部和食品安全的动态变化形成多领域的观点。这与对“同一健康”举措（FAO、OIE、WHO和UNEP Statement, 2021）的日益认可相一致，该方法肯定了人类、动物健康和生态系统之间有着密不可分的联系，旨在解决复杂的多学科问题，以改善公共健康与生计，保护自然资源并改造农业粮食体系。此外，科学与政策的有效沟通将支持前瞻方法，该方法是建立有效的多方利益相关者对话机制，讨论与追求具体战略相关的利益和权衡所需要的。前瞻性可以帮助在科学和政策之间架起桥梁，利用前者为一系列与食物链相关的决策提供信息，从而增强后者。

> **FAO能够恰到好处地从多个方面收集、分析和传播关于各种新问题的信息，还可以为各国实施其前瞻性活动提供支持。**

FAO的企业战略前瞻演习（CSFE）有助于提供一套18个当前和新出现的、相互关联的社会经济和环境驱动因素，这些因素正在影响农业粮食体系，反过来又受到体系的影响。FAO在制定战略框架时考虑了CSFE的这些见解，因为该框架是以最近的国际发展、新出现的全球和国家趋势，以及粮食和农业领域的主要挑战为背景制定的（FAO, 2021a）。FAO战略框架通过向着更高效、

© Shutterstock/Foxys Forest Manufacture

更包容、更有韧性且更可持续的农业粮食体系转型，支持并实现《2030年可持续发展议程》，以实现更好生产、更好营养、更好环境、更好生活，不让任何人掉队。科学、技术和创新被强调为实现这一转变的关键因素。

《联合国粮农组织科学与创新战略》于新近发布，其大纲强调了通过前瞻方法主动识别对农业粮食体系转型有影响的新问题以及正在出现的问题的重要性。鉴于食品安全在农业粮食体系转型中发挥着不可或缺的重要作用，FAO的食品安全战略优先事项（目前正在制定中）突出了前瞻活动在食品安全决策中的重要性，前瞻活动有助于更好地识别可能构成潜在食品安全风险以及可能带来机会的新问题。因此，前瞻活动的重要性得到了强调，它不仅有助于填补知识缺口，还能促进提升未来政策以采用新出现的创新，并推动为应对农业粮食体系的未来挑战做好准备。

有限资源、用户能力、技术技能和财政支持都是可能影响各国开展前瞻活动能力的因素。为了培养这种能力，需要在培训和发展体制能力方面进行大量投资，同时鼓励各级公共行政部门要转变心态，从反应性转为预测性。FAO对粮食和农业领域新出现的问题具有全球视野，同时广泛的跨境影响以及提供全球公共产品的能力，使其具有独特的地位，可作为收集、分析和传播独立和可信信息的中立平台。因此，FAO在全球水平上开展的前瞻活动的结果，可以分享给广泛的受众，包括那些自身开展前瞻活动的技术和能力有限的国家。此外，有效的前瞻性方法依赖于广泛收集而来的信息。FAO不仅利用本组织内遍及整个农业食品领域的专业知识，还可以与广泛的外部合作伙伴如学术和研究机构、国家政府以及私营部门合作，他们为食物链的各个方面提供了宝贵的额外见解。

总之，前瞻性可以帮助我们了解农业粮食体系内外的新趋势和驱动因素如何影响整个系统，特别是食品安全。但前瞻性并不能预测未来，承认这一点很重要。然而，前瞻性可以使我们更好地应对机遇和挑战，拥有韧性和敏捷性，并最终通过长期思考来加强战略准备。

参考文献 REFERENCES

执行概要

FAO. 2021. *Strategic Framework 2022-31*. Rome. https://www.fao.org/3/cb7099en/cb7099en.pdf.

UN Food Systems Summit. 2021. *Secretary-General's Chair Summary and Statement of Action on the UN Food Systems Summit*. 23 September 2021. https://www.un.org/en/food-systems-summit/news/making-food-systems-work-people-planet-and-prosperity.

World Food Summit. 1996. *Rome Declaration on World Food Summit*. 13–17 November 1996. Rome. https://www.fao.org/3/w3613e/w3613e00.htm#Note1.

1 导论

Bell, W. 2003. *Foundations of Futures Studies: History, Purposes, and Knowledge*, Human Science for a New Era, Vol. 1. London, Routledge, Taylor & Francis Group.

DEFRA. 2002. Horizon Scanning & Futures Home. In: *The National Archives*. London, UK. Cited 14 November, 2021. https://webarchive.nationalarchives.gov.uk/ukgwa/20070506093923/http:/horizonscanning.defra.gov.uk/.

FAO. 1969. *Provisional indicative world plan for agricultural development: A synthesis and analysis of factors relevant to world, regional and national agricultural development*. 2 Vol. Rome.

FAO. 2014. *Horizon Scanning and Foresight. An overview of approaches and possible applications in Food Safety*. Background paper 2. Food Safety and Quality Programme. Rome. https://www.fao.org/3/I4061E/i4061e.pdf.

FAO. 2017. *The future of food and agriculture—Trends and challenges*. Rome. https://www.fao.org/3/i6583e/i6583e.pdf.

FAO. 2018. *The future of food and agriculture—Alternative pathways to 2050*. Rome. https://www.fao.org/3/I8429EN/i8429en.pdf.

FAO. 2021. *Strategic Framework 2022-31*. Rome. https://www.fao.org/3/cb7099en/cb7099en.pdf.

FAO & WHO. 2021. *A Guide to World Food Safety Day 2021. Safe food now for a healthy tomorrow*. Rome. https://www.fao.org/3/cb3404en/cb3404en.pdf.

Kuosa, T. 2012. *The Evolution of Strategic Foresight: Navigating Public Policy Making*. Farmham, Ashgate Publishing Ltd.

Miles, I., Keenan, M. & Kaivo-oja, J. 2002. *Handbook of knowledge society foresight*. Dublin, European Foundation for the Improvement of Living and Working Conditions.

Popper, R. 2009. Foresight Methodology. In: L. Georghiou, J. Cassingena Harper, M. Keenan, I. Miles & R. Popper, eds. *The Handbook of Technology Foresight: Concepts and Practice*, pp. 44–88. Edward Elgar Publishing Ltd.

Rockström, J., Edenhofer, O., Gaertner, J. & DeClerck, F. 2020. Planet-proofing the global food system. *Nature Food*, 1: 3–5. https://doi.org/10.1038/s43016-019-0010-4.

UN. 2015. *Transforming our world: the 2030 Agenda for Sustainable Development*. Resolution adopted by the General Assembly on 25 September 2015. Seventieth session. https://www.un.org/ga/search/view_doc.asp?symbol=A/RES/70/1&Lang=E.

UN. Department of Economic and Social Affairs, Population Division. 2019. *World Population Prospects 2019: Highlights*. New York, USA, UN. https://population.un.org/wpp/Publications/Files/WPP2019_Highlights.pdf.

2 气候变化及其食品安全影响

Callaghan, M., Schleussner, C., Nath, S., Lejeune, Q., Knutson, T.R., Reichstein, M., Hansen, G. *et al.* 2021. Machine-learning-based evidence and attribution mapping of 100,000 climate impact studies. *Nature Climate Change*, 11(11): 966–972. https://doi.org/10.1038/s41558-021-01168-6.

Chersich, M.F., Scorgie, F., Rees, H. & Wright, C.Y. 2018. How climate change can fuel listeriosis outbreaks in South Africa. *South African Medical Journal,* 108(6): 453–454.

Chhaya, R.S., O'Brien, J. & Cummins, E. 2021. Feed to fork risk assessment of mycotoxins under climate change influences - recent developments. *Trends in Food Science & Technology*: S0924224421004842. https://doi.org/10.1016/j.tifs.2021.07.040.

Dengo-Baloi, L.C., Sema-Baltazar, C.A., Manhique, L.V., Chitio, J.E., Inguane, D.L. & Langa, J.P. 2017. Antibiotics resistance in El Tor *Vibrio cholerae* 01 isolated during cholera outbreaks in Mozambique from 2012 to 2015. *PLoS One*, 12(8): e0181496. Cited 15 November 2019. https://doi.org/10.1371/journal.pone.0181496.

Elmali, M. & Can, H.Y. 2017. Occurrence and antimicrobial resistance of *Arcobacter* species in food and slaughterhouse samples. *Food Science and Technology*, 37(2): 280–285. https://doi.org/10.1590/1678-457X.19516.

FAO. 2008. *Climate change: Implications for food safety.* Rome. http://www.fao.org/3/i0195e/i0195e00.pdf.

FAO. 2019. *The State of Food and Agriculture. Moving forward on food loss and waste reduction.* Rome. https://www.fao.org/3/ca6030en/ca6030en.pdf.

FAO. 2020. *Climate change: Unpacking the burden on food safety.* Food safety and quality series No. 8. Rome. https://www.fao.org/3/ca8185en/CA8185EN.pdf.

FAO & WHO. 2020. *Report of the Expert Meeting on Ciguatera Poisoning.* Rome, 19-23 November 2018. Food Safety and Quality series No. 9. Rome. https://doi.org/10.4060/ca8817en.

FAO, IFAD, UNICEF, WFP & WHO. 2021. *The State of Food Security and Nutrition in the*

World 2021. Transforming food systems for food security, improved nutrition and affordable healthy diets for all. Rome. https://www.fao.org/3/cb4474en/cb4474en.pdf.

He, X. & Sheffield, J. 2020. Lagged compound occurrence of droughts and pluvials globally over the past seven decades. *Geophysical Research Letters,* 47(14): e2020GL087924. https://doi.org/10.1029/2020GL087924.

Henderson, J.C., Herrera, C.M. & Trent, M.S. 2017. AlmG, responsible for polymyxin resistance in pandemic *Vibrio cholerae*, is a glycyltransferase distantly related to lipid A late acyltransferases. *Journal of Biological Chemistry*, 292(51): 21205–21215.

IPCC. 2021. Summary for Policymakers. In: V. Masson-Delmotte, P. Zhai, A. Pirani, S. L. Connors, C. Péan, S. Berger, N. Caud, Y. Chen, L. Goldfarb, M. I. Gomis, M. Huang, K. Leitzell, E. Lonnoy, J.B.R. Matthews, T. K. Maycock, T. Waterfield, O. Yelekçi, R. Yu & B. Zhou, eds. *Climate Change 2021: The Physical Science Basis. Contribution of Working Group I to the Sixth Assessment Report of the Intergovernmental Panel on Climate Change*, pp. 1–41. Cambridge, UK, Cambridge University Press, In Press. https://www.ipcc.ch/report/ar6/wg1/downloads/report/IPCC_AR6_WGI_Full_Report.pdf.

Kuhn, K.G., Nygård, K.M., Guzman-Herrador, B., Sunde, L.S., Rimhanen-Finne, R., Trönnberg, L., Jepsen, M.R. *et al.* 2020. Campylobacter infections expected to increase due to climate change in Northern Europe. *Scientific Reports*, 10(1): 13874. https://doi.org/10.1038/s41598-020-70593-y.

Lake, I.R. 2017. Food-borne disease and climate change in the United Kingdom. *Environmental Health*, 16(S1): 117. https://doi.org/10.1186/s12940-017-0327-0.

MacFadden, D.R., McGough, S.F., Fisman, D., Santillana, M. & Brownstein, J.S. 2018. Antibiotic resistance increases with local temperature. *Nature Climate Change*, 8(6): 510–514.

McGough, S.F., MacFadden, D.R., Hattab, M.W., Mølbak, K. & Santillana, M. 2020. Rates of increase of antibiotic resistance and ambient temperature in Europe: a cross-national analysis of 28 countries between 2000–2016. *Eurosurveillance*, 25(45): pii=1900414. https://doi.org/10.2807/1560-7917.ES.2020.25.45.1900414.

Nature. 2021. *Controlling methane to slow global warming - fast.* In: *Nature.* Cited 6 November 2021. https://www.nature.com/articles/d41586-021-02287-y.

Olaimat, A.N., Al-Holy, M.A., Shahbaz, H.M., Al-Nabulsi, A.A., Abu Ghoush, M.H., Osaili, T.M., Ayyash, M.M. & Holley, R.A. 2018. Emergence of antibiotic resistance in Listeria monocytogenes isolated from food products: A comprehensive review. *Comprehensive Reviews in Food Science and Food Safety*, 17(5): 1277–1292.

Pokhrel, Y., Felfelani, F., Satoh, Y., Boulange, J., Burek, P., Gädeke, A., Gerten, D. *et al.* 2021. Global terrestrial water storage and drought severity under climate change. *Nature Climate Change*, 11(3): 226–233. https://doi.org/10.1038/s41558-020-00972-w.

Poirel, L., Madec, J.Y., Lupo, A., Schink, A.K., Kieffer, N., Nordmann, P. & Schwarz, S. 2018. Antimicrobial resistance in *Escherichia coli*. *Microbiology Spectrum,* 6(4). doi: 10.1128/microbiolspec.ARBA-0026-2017.

UN Climate Change. 2021a. World leaders kick start accelerated climate action at COP26. Press release. In: *United Nations Climate Change.* Bonn, Germany. Cited 6 November 2021. https://unfccc.int/news/world-leaders-kick-start-accelerated-climate-action-at-cop26.

UN Climate Change. 2021b. Water at the Heat of Climate Action. In: *United Nations Climate Change.* Cited 6 November 2021. Bonn, Germany. https://unfccc.int/news/water-at-the-heart-of-climate-action.

UNEP. 2021. Emissions Gap Report 2021: The Heat is On—A world of Climate Promises Not Yet Delivered. In: *United Nations Environment Programme*. Nairobi. https://www.unep.org/resources/emissions-gap-report-2021.

UNFCCC. 2021. *Nationally determined contributions under the Paris Agreement. Synthesis report.* Conference of the Parties serving as the meeting of the Parties to the Paris Agreement. Third session. 31 October to 12 November 2021. Glasgow. https://unfccc.int/sites/default/files/resource/cma2021_08_adv_1.pdf.

Van Puyvelde, S., Pickard, D., Vandelannoote, K., Heinz, E., Barbe, B., de Block, T., Clare. *et al*. 2019. An African *Salmonella typhimurium* ST313 sublineage with extensive drug-resistance and signatures of host adaptation. *Nature Communications,* 10(1): 4280.

Wang, Z., Zhang, M., Deng, F., Shen, Z., Wu, C., Zhang, J., Zhang, Q. & Shen, J. 2014. Emergence of multidrug-resistant *Campylobacter* species isolates with a horizontally acquired rRNA methylase. *Antimicrobial Agents and Chemotherapy*, 58(9): 5405–5412.

Wang, X., Biswas, S., Paudyal, N., Pan, H., Li, X., Fang, W. & Yue, M. 2019. Antibiotic resistance in *Salmonella typhimurium* isolates recovered from the food chain through national antimicrobial resistance monitoring system between 1996 and 2016. *Frontiers in Microbiology*, 10: 985.

3 不断变化的消费者偏好与食品消费模式

Aggett, P.J. 2012. Dose-response relationships in multi-functional food design: Assembling the evidence. *International journal of Food Science*, 63: 37–42. https://doi.org/10.3109/09637486.2011.636344.

Bakowska-Barczak, A., de Larminat, M. and Kolodziejczyk, P.P. 2020. The application of flax and hempseed in food, nutraceutical and personal care products. In: *The textile Institute Book Series, Handbook of Natural Fibres* (Second edition), pp. 557–590, Woodhead Publishing.

Baptista, J.P. & Gradim, A. 2020. Understanding fake news consumption: A review. *Social Sciences*, 9(10): 185. https://doi.org/10.3390/socsci9100185.

Berhaupt-Glickstein, A. & Hallman, W.K. 2015. Communicating scientific evidence in qualified health claims. *Critical Reviews in Food Science and Nutrition,* 57(13): 2811–2824. https://doi.org/10.1080/10408398.2015.1069730.

Borsellino, V., Kaliji, S.A. & Schimmenti, E. 2020. COVID-19 Drives consumer behavior and agro-food markets towards healthier and more sustainable patterns. *Sustainability*, 12: 8366. https://doi.org/10.3390/su12208366.

Camp, K.M. and Trujillo, E. 2014. Position of the Academy of Nutrition and Dietetics: Nutritional Genomics. *Journal of the Academy of Nutrition and Dietetics*, 114(2): 299–312. https://doi.org/10.1016/j.jand.2013.12.001.

Carnés, J., de Larramdeni, C.H., Ferrer, A., Huertas, A.J., López-Matas, M.A., Pagán, J.A., Navarro, L.A., García-Abujeta, J.L., Vicario, S. and Peña, M. 2013. Recently introduced foods as new allergenic sources: Sensitization to Goji berries (*Lycium barbarum*). *Food Chemistry*, 137: 130–135. http://dx.doi.org/10.1016/j.foodchem.2012.10.005.

Cerullo, G., Negro, M., Parimbelli, M., Pecoraro, M., Perna, S., Liguori, G., Rondanelli, M., Cena, H. and D'Antona, G. 2020. The long history of vitamin C: From prevention of the common cold to potential aid in the treatment of COVID-19. *Frontiers in Immunology*, 11: 574029. doi: 10.3389/fimmu.2020.574029.

Clayton, J., Sims, T. & Webster, A. 2021. COVID-19 and Views on Food Safety. *Food Safety Magazine*. Cited 12 September 2021. https://www.food-safety.com/articles/6991-covid-19-and-views-on-food-safety.

Clydesdale, F. 2004. Functional foods: opportunities and challenges. *Food Technology,* 58(12): 35–40.

Dendup, T., Feng, X., Clingan, S. & Astell-Burt, T. 2018. Environmental risk factors for developing type-2 diabetes mellitus: A systematic review. *International Journal of Environmental Research and Public Health*, 15: 78. doi:10.3390/ijerph15010078.

Donelli, D., Antonelli, M. & Firenzuoli, F. 2020. Considerations about turmeric-associated hepatotoxicity following a series of cases occurred in Italy: is turmeric really a new hepatotoxic substance? *Internal and Emergency Medicine*, 15: 725–726. https://doi.org/10.1007/s11739-019-02145-w.

Edelman Trust Barometer. 2021. 21st Annual Edelman Trust Barometer. Global Report. https://www.edelman.com/sites/g/files/aatuss191/files/2021-03/2021%20Edelman%20Trust%20Barometer.pdf.

EIT Food. 2020. *The EIT Food Trust Report*. Budapest, EIT Food. https://www.eitfood.eu/media/news-pdf/EIT_Food_Trust_Report_2020.pdf.

Ferraro, P.M., Curhan, G.C., Gambaro, G. & Taylor, E.N. 2016. Total, Dietary, and Supplemental Vitamin C Intake and Risk of Incident Kidney Stones. *American Journal of Kidney Diseases*, 67(3): 400–407. https://doi.org/10.1053/j.ajkd.2015.09.005.

Forsyth, J.E., Nurunnahar, S., Islam, S.S., Baker, M., Yeasmin, D., Islam, M.S., Rahman, M. *et al.* 2019. Turmeric means "yellow" in Bengali: Lead chromate pigments added to turmeric threaten public health across Bangladesh. *Environmental Research*, 179: 108722. https://doi.org/10.1016/j.envres.2019.108722.

Forsyth, J.E., Weaver, K.L., Maher, K., Islam, M.S., Raqib, R., Rahman, M., Fendorf, S. *et al.* 2019. Sources of Blood Lead Exposure in Rural Bangladesh. *Environmental Science & Technology*, 53(19): 11429–11436. https://doi.org/10.1021/acs.est.9b00744.

Gardner, C.D., Trepanowski, J.F., Del Gobbo, L.C., Hauser, M.E., Rigdon, J., Ioannidis,

J.P.A., Desai, M. *et al.* 2018. Effect of Low-Fat vs Low-Carbohydrate Diet on 12-Month Weight Loss in Overweight Adults and the Association With Genotype Pattern or Insulin Secretion: The DIETFITS Randomized Clinical Trial. *JAMA*, 319(7): 667. https://doi.org/10.1001/jama.2018.0245.

Grebow, J. 2021. Will vitamin C's drastic growth in 2020 continue this year? 2021 ingredient trends to watch for food, drinks, and dietary supplements. In: *Nutritional Outlook.* Cited 7 October 2021. https://www.nutritionaloutlook.com/view/will-vitamin-c-s-drastic-growth-in-2020-continue-this-year-2021-ingredient-trends-to-watch-for-food-drinks-and-dietary-supplements.

Griffen, M. 2020. Study reveals new consumer attitudes. In: *Pro Food World.* Cited 15 September 2021. https://www.profoodworld.com/food-safety/article/21204875/study-reveals-new-consumer-attitudes.

Hallman, W.K., Senger-Mersich, A. & Godwin, S.L. 2015. Online purveyors of raw meat, poultry, and seafood products: Delivery policies and available consumer food safety information (Review*). Food Protection Trends*, 35(2): 80–88.

Hasler, C.M. 2002. Functional foods: Benefits, concerns and challenges—A position paper from the American Council on Science and Health. *American Society for Nutritional Sciences*, 132(12): 3772–3781. doi: 10.1093/jn/132.12.3772.

Labelinsight. 2016. *How consumer demand for transparency is shaping the food industry. The 2016 label insight food revolution study*. Chicago, Illinois and St. Louis, Missouri, USA, Labelinsight. https://www.labelinsight.com/hubfs/Label_Insight-Food-Revolution-Study.pdf.

Larramendi, C.H., García-Abujeta, J.L., Vicario, S., García-Endrino, A., López-Matas, M.A., García-Sedeño, M.D. & Carnés, J. 2012. Goji berries (*Lycium barbarum*): Risk of allergic reactions in individuals with food allergy. *Journal of Investigational Allergology and Clinical Immunology*, 22(5): 345–350.

Lindsey, H. 2005. Environmental factors & cancer: Research roundup. *Oncology Times*, 27(4): 8, 11, 12. doi: 10.1097/01.COT.0000287822.71358.43.

Liu P. & Ma L. 2016. Food scandals, media exposure, and citizens' safety concerns: A multilevel analysis across Chinese cities. *Food Policy*, 63: 102–111. doi: 10.1016/j.foodpol.2016.07.005.

Locas, A., Brassard, J., Rose-Martel, M., Lambert, D., Green, A., Deckert, A. & Illing, M. 2022. Comprehensive Risk Pathway of the Qualitative Likelihood of Human Exposure to Severe Acute Respiratory Syndrome Coronavirus 2 from the Food Chain. *Journal of Food Protection*, 85(1): 85–97. https://doi.org/10.4315/JFP-21-218.

Lombardi, N., Crescioli, G., Maggini, V., Ippoliti, I., Menniti-Ippolito, F., Gallo, E., Brilli, V. *et al.* 2021. Acute liver injury following turmeric use in Tuscany: An analysis of the Italian Phytovigilance database and systematic review of case reports. *British Journal of Clinical Pharmacology*, 87(3): 741–753. https://doi.org/10.1111/bcp.14460.

Luber, R.P., Rentsch, C., Lontos, S., Pope, J.D., Aung, A.K., Schneider, H.G., Kemp, W. *et al.* 2019. Turmeric Induced Liver Injury: A Report of Two Cases. *Case Reports in Hepatology*,

2019: 1–4. https://doi.org/10.1155/2019/6741213.

Ma, Z.F., Zhang, H., Teh, S.S., Wang, C.W., Zhang, Y., Hayford, F., Wang, L. *et al.* 2019. Goji Berries as a Potential Natural Antioxidant Medicine: An Insight into Their Molecular Mechanisms of Action. *Oxidative Medicine and Cellular Longevity*, 2019: 1–9. https://doi.org/10.1155/2019/2437397.

Macready, A.L., Hieke, S., Klimczuk-Kochańska, M., Szumiał, S., Vranken, L. & Grunert, K.G. 2020. Consumer trust in the food value chain and its impact on consumer confidence: A model for assessing consumer trust and evidence from a 5-country study in Europe. *Food Policy*, 92: 101880. https://doi.org/10.1016/j.foodpol.2020.101880.

Marcum, J.A. 2020. Nutrigenetics/Nutrigenomics, Personalized Nutrition, and Precision Healthcare. *Current Nutrition Reports*, 9(4): 338–345. https://doi.org/10.1007/s13668-020-00327-z.

Magkos, F., Tetens, I., Bügel, S.G., Felby, C., Schacht, S.R., Hill, J.O., Ravussin, E. *et al.* 2020. The Environmental Foodprint of Obesity. *Obesity*, 28(1): 73–79. https://doi.org/10.1002/oby.22657.

Mohanty, S. & Singhal, K. 2018. Functional foods as personalised nutrition: Definitions and genomic insights. In: V. Rani & U. Yadav U. eds. *Functional Food and Human Health*. Singapore, Springer. https://doi.org/10.1007/978-981-13-1123-9_22.

Montoya, Z., Conroy, M., Vanden Heuvel, B.D., Pauli, C.S. & Park, S.-H. 2020. Cannabis contaminants limit pharmacological use of cannabidiol. *Frontiers in Pharmacology*, 11: 571832. doi: 10.3389/fphar.2020.571832.

Nunes, J.C., Ordanini, A. & Giambastiani, G. 2021. The Concept of Authenticity: What It Means to Consumers. *Journal of Marketing*, 85(4): 1–20. doi:10.1177/0022242921997081.

Pennycook, G. & Rand, D.G. 2020. Who falls for fake news? The roles of bullshit receptivity, overclaiming, familiarity, and analytic thinking. *Journal of Personality*, 88(2): 185–200. https://doi.org/10.1111/jopy.12476.

Potterat, O. 2010. Goji (*Lycium barbarum* and *L. chinense*): Phytochemistry, pharmacology and safety in the perspective of traditional uses and recent popularity. *Planta Medica,* 76(1): 7–19. doi: 10.1055/s-0029-1186218.

Rodrigues, J.F., dos Santos Filho, M.T.C., de Oliveira, L.E.A., Siman, I.B., de Fátima Barcelos, A., de Paiva Anciens Ramos, G.L., Esmerino, E.A. *et al.* 2021. Effect of the COVID-10 pandemic on food habits and perceptions: A study with Brazilians. *Trends in Food Science & Technology*, 116: 992 – 1001. doi: 10.1016/j.tifs.2021.09.005.

Rutsaert P., Regan Á., Pieniak Z., McConnon Á., Moss A., Wall P. & Verbeke W. 2013. The use of social media in food risk and benefit communication. *Trends in Food Science & Technology,* 30: 84–91. doi: 10.1016/j.tifs.2012.10.006.

Salcedo, G., Sanchez-Monge, R., Diaz-Perales, A., Garcia-Casado, G. & Barber, D. 2004. Plant non-specific lipid transfer proteins as food and pollen allergens. *Current Opinion in Allergy and Clinical Immunology*, 34: 1336–1341. doi:10.1111/j.1365-2222.2004.02018.x.

Scrinis, G. 2008. Functionals foods or functionally marketed foods? A critique of, and alternatives to, the category of functional foods. *Public Health Nutrition*, 11(5): 541–545. doi: 10.1017/S1368980008001869.

Shelke, K. 2020. Clearing up clean label confusion. In: *Food Technology Magazine*. Cited 14 July 2021. https://www.ift.org/news-and-publications/food-technology-magazine/issues/2020/february/features/clearing-up-clean-label-confusion.

Shome, S., Das Talukdar, A., Dutta Choudhury, M., Bhattacharya, M.K. & Upadhyaya, H. 2016. Curcumin as potentnial therapeutic natural product: a nanobiotechnological perspective. *Journal of Pharmacy and Pharmacology,* 68: 1481 – 1500. doi: 10.1111/jphp.12611.

Siegner, C. 2019. 1 in 4 consumers discuss responsible food sourcing online. In: *Food Dive*. Washington, DC, USA. Cited 24 September 2021. https://www.fooddive.com/news/1-in-4-us-consumers-discuss-responsible-food-sourcing-online/559096/.

Taylor, S.L., Marsh, J.T., Koppelman, S.J., Kabourek, J.L., Johnson, P.E. & Baumert, J.L. 2021. A perspective on pea allergy and pea allergens. *Trends in Food Science & Technology*, 116: 186–198. https://doi.org/10.1016/j.tifs.2021.07.017.

Thakkar, S., Anklam, E., Xu, A., Ulberth, F., Li, J., Li, B., Hugas, M. *et al.* 2020. Regulatory landscape of dietary supplements and herbal medicines from a global perspective. *Regulatory Toxicology and Pharmacology*, 114: 104647. https://doi.org/10.1016/j.yrtph.2020.104647.

Thomas, L.D.K., Elinder, C., Tiselius, H., Wolk, A. & Åkesson, A. 2013. Ascorbic acid supplements and kidney stone incidence among men: A prospective study. *JAMA Intenal Medicine*, 173(5): 386–388. doi:10.1001/jamainternmed.2013.2296.

Uasuf, C.G., De Angelis, E., Guagnano, R., Pilolli, R., D'Anna, C., Villalta, D., Brusca, I. & Monaci, L. 2020. Emerging allergens in Goji berry superfruit: The identification of new IgE binding proteins towards allergic patients' sera. *Biomolecules*, 10: 689. doi:10.3390/biom10050689.

Uthpala, T.G.G., Fernando, H.N., Thibbotuwawa, A. & Jayasinghe, M. 2020. Importance of nutrigenomics and nutrigenetics in food Science. *MOJ Food Processing & Technology,* 8(3): 114–119. doi: 10.15406/mojfpt.2020.08.00250.

Wensing, M., Knulst, A.C., Piersma, S., O'Kane, F., Knol, E.F. & Koppelman, S.J. 2003. Patients with anaphylaxis to pea can have peanut allergy caused by cross-reactive IgE to vicilin (Ara h 1). *The Journal of Allergy and Clinical Immunology*, 111(2): 420–424. doi:10.1067/mai.2003.61.

Ye, X. & Jiang, Y., eds. 2020. *Phytochemicals in Goji Berries: Applications in Functional Foods*. First edition. CRC Press. https://doi.org/10.1201/9780429021749.

Zhang, J., Cai, Z., Cheng, M., Zhang, H., Zhang, H. & Zhu, Z. 2019. Association of Internet Use with Attitudes Toward Food Safety in China: A Cross-Sectional Study. *International journal of environmental research and public health*, 16(21): 4162. https://doi.org/10.3390/ijerph16214162.

4 新的食物来源和食品安全体系

Agnolucci, P., Rapti, C., Alexander, P., De Lipsis, V., Holland, R.A., Eigenbrod, F. & Ekins, P. 2020. Impacts of rising temperatures and farm management practices on global yields of 18 crops. *Nature Food*, 1: 562–571. https://doi.org/10.1038/s43016-020-00148-x.

Beach, R.H., Sulser, T.B., Crimmins, A., Cenacchi, N., Cole, J., Fukagawa, N.K., Mason-D'Croz, D. *et al.* 2019. Combining the effects of increased atmospheric carbon dioxide on protein, iron, and zinc availability and projected climate change on global diets: a modelling study. *The Lancet Planetary Health*, 3(7): e307–e317. https://doi.org/10.1016/S2542-5196(19)30094-4.

Crippa, M., Solazzo, E., Guizzardi, D., Monforti-Ferrario, F., Tubiello, F.N. & Leip, A. 2021. Food systems are responsible for a third of global anthropogenic GHG emissions. *Nature Food*, 2: 198–209. https://doi.org/10.1038/s43016-021-00225-9.

FAO. 2009. *How to feed the world in 2050. High-level Expert Forum.* Global agriculture towards 2050. 12–13 October 2009. Rome. https://www.fao.org/fileadmin/templates/wsfs/docs/Issues papers/HLEF2050_Global_Agriculture.pdf.

FAO. 2017. *Water for sustainable food and agriculture. A report produced for the G20 Presidency of Germany*. Rome. https://www.fao.org/3/i7959e/i7959e.pdf.

FAO. 2020. *The State of Food and Agriculture 2020. Overcoming water challenges in agriculture.* Rome. https://doi.org/10.4060/cb1447en.

McDiarmid, J.I. & Whybrow, S. Conference on "Getting energy balance right" Symposium 5: Sustainability of food production and dietary recommendations. *Proceedings of the Nutrition Society*, 78: 380 – 387. doi: 10.1017/S0029665118002896.

Poore, J. & Nemecek, T. 2018. Reducing food's environmental impacts through producers and consumers. *Science*, 360: 987–992.

Ritchie, H. 2019. Half of world's habitable land is used for agriculture. In: *Our World in Data*. Cited 8 August 2021. https://ourworldindata.org/global-land-for-agriculture.

Ritchie, H. & Roser, M. 2020. Environmental impacts of food production. In: *Our World in Data*. Cited 8 August 2021. https://ourworldindata.org/land-use.

Sultan, B., Defrance, D. & Lizumi, T. 2019. Evidence of crop production losses in West Africa due to historical global warming in two crop models. *Scientific Reports*, 9: 12834. https://doi.org/10.1038/s41598-019-49167-0.

UN. Department of Economic and Social Affairs, Population Division. 2019. *World Population Prospects 2019: Highlights*. New York, United Nations. https://population.un.org/wpp/Publications/Files/WPP2019_Highlights.pdf.

Zhao, C., Liu, B., Piao, S., Wang, X., Lobell, D.B., Huang, Y., Huang, M. *et al.* 2017. Temperature increase reduces global yields of major crops in four independent estimates. *Proceedings of the National Academy of Sciences*, 114(35): 9326–9331. https://doi.org/10.1073/pnas.1701762114.

4.1 可食用昆虫

Belluco, S., Losasso, C., Maggioletti, M., Alonzi, C.C., Paoletti, M.G. & Ricci, A. 2013. Edible Insects in a food safety and nutritional perspective: a critical review. *Comprehensive Reviews in Food Science and Food Safety*, 12: 296–313.

Broekman, H.C.H.P., Knulst, A.C., Den Hartog Jager, C.F., van Bilsen, J.H.M., Raymakers, F.M.L., Kruizinga, A.G., Gaspari, M., Gabriele, C., Bruijnzeel-Koomen, C.A.F.M., Houben, G.F. & Verhoeckx, K.C.M. 2017a. Primary respiratory and food allergy to mealworm. *Journal of Allergy and Clinical Immunology*, 140: 600–603.

Broekman, H.C.H.P., Knulst, A.C., De Jong, G., Gaspari, M., Den Hartog Jager, C.F., Houben, G.F. & Verhoeckx, K.C.M. 2017b. Is mealworm or shrimp allergy indicative for food allergy to insects? *Molecular Nutrition & Food Research*, 61: 1601061.

Charlton, A.J., Dickinson, M., Wakefield, M.E., Fitches, E., Kenis, M., Han, R., Zhu, F., Kone, N., Grant, M., Devic, E., Bruggeman, G., Prior, R. & Smith, R. 2015. Exploring the chemical safety of fly larvae as a source of protein for animal feed. *Journal of Insects as Food and Feed*, 1: 7–16.

Dobermann, D., Swift, J.A. & Field, L.M. 2017. Opportunities and hurdles of edible insects for food and feed. *Nutrition Bulletin*, 42: 293–308.

EFSA Panel on Nutrition, Novel Foods and Food Allergens (NDA), Turck, D., Castenmiller, J., De Henauw, S., Hirsch-Ernst, K.I., Kearney, J., Maciuk, A. *et al.* 2021. Safety of dried yellow mealworm (*Tenebrio molitor* larva) as a novel food pursuant to Regulation (EU) 2015/2283. *EFSA Journal*, 19(1). https://doi.org/10.2903/j.efsa.2021.6343.

EFSA Scientific Committee. 2015. Scientific opinion on a risk profile related to production and consumption of insects as food and feed. EFSA Journal, 13: 4257. doi: 10.2903/j.efsa.2015.4257.

FAO. 2013. *Edible insects. Future prospects for food and feed security.* FAO Forestry Paper 171. Rome. http://www.fao.org/3/i3253e/i3253e.pdf.

FAO. 2021. *Looking at edible insects from a food safety perspective. Challenges and opportunities for the sector.* Rome. https://www.fao.org/3/cb4094en/cb4094en.pdf.

Garofalo, C., Milanović, V., Cardinali, F., Aquilanti, L., Clementi, F. & Osimani, A. 2019. Current knowledge on the microbiota of edible insects intended for human consumption: A state-of-the-art review. *Food Research International*, 125: 108527.

Grabowski, N.T. & Klein, G. 2017. Bacteria encountered in raw insect, spider, scorpion, and centipede taxa including edible species, and their significance from the food hygiene point of view. *Trends in Food Science & Technology*, 63: 80–90.

Greenfield, R., Akala, N. & van Der Bank, F.H. 2014. Heavy metal concentrations in two populations of mopane worms (*Imbrasia belina*) in the Kruger National Park pose a potential human health risk, *Contamination and Toxicology,* 93: 316–321.

Houbraken, M., Spranghers, T., De Clercq, P., Cooreman-Algoed, M., Couchement, T., De Clercq, G., Verbeke, S. & Spanoghe, P. 2016. Pesticide contamination of *Tenebrio molitor* (Coleoptera: Tenebrionidae) for human consumption. *Food Chemistry,* 201: 264–269.

Imathiu, S. 2020. Benefits and food safety concerns associated with consumption of edible insects. *NFS Journal*, 18: 1–11.

Jongema, Y. 2017. List of Edible Insect Species of the World. Laboratory of Entomology, Wageningen University, The Netherlands. https://www.wur.nl/en/Research-Results/Chair-groups/Plant-Sciences/Laboratory-of-Entomology/Edible-insects/Worldwide-species-list.htm.

Leni, G., Tedeschi, T., Faccini, A., Pratesi, F., Folli, C., Puxeddu, I., Migliorini, P., Gianotten, N., Jacobs, J., Depraetere, S., Caligiani, A. & Sforza, S. 2020. Shotgun proteomics, in-silico evaluation and immunoblotting assays for allergenicity assessment of lesser mealworm, black soldier fly and their protein hydrolysates. *Scientific Reports*, 10.

Meyer-Rochow, V. 1975. Can insects help to ease the problem of world food shortage. *Search*, 6: 261–262.

Miglietta, P., De Leo, F., Ruberti, M. & Massari, S. 2015. Mealworms for food: A water footprint perspective. *Water*, 7: 6190–6203.

Oibiopka, F.I., Akanya, H.O., Jigam, A.A., Saidu, A.N. & Egwim, E.C. 2018. Protein quality of four indigenous edible insect species in Nigeria. *Food Science and Human Wellness*, 7: 175–183.

Oonincx, D.G.A.B. & De Boer, I.J.M. 2012. Environmental impact of the production of mealworms as a Protein Source for Humans—A Life Cycle Assessment. *PLOS ONE*, 7: e51145. doi.org/10.1371/journal.pone.0051145.

Oonincx, D.G.A.B., van Itterbeeck, J., Heetkamp, M.J.W., van Den Brand, H., van Loon, J.J.A. & van Huis, A. 2010. An exploration on greenhouse gas and ammonia production by insect species suitable for animal or human consumption. *PLOS ONE,* 5: e14445. doi.org/10.1371/journal.pone.0014445.

Osimani, A., Garofalo, C., Milanović, V., Taccari, M., Cardinali, F., Aquilanti, L., Pasquini, M., Mozzon, M., Raffaelli, N., Ruschioni, S., Rioli, P., Isidoro, N. & Clementi, F. 2017. Insight into the proximate composition and microbial diversity of edible insects marketed in the European Union. *European Food Research and Technology*, 243: 1157–1171.

Phiriyangkul, P., Srinroch, C., Srisomsap, C., Chokchaichamnankit, D. & Punyarit, P. 2015. Effect of food thermal processing on allergenicity proteins in Bombay locust (*Patanga Succincta*). *ETP International Journal of Food Engineering*, 1.

Reese, G., Ayuso, R. & Lehrer, S.B. 1999. Tropomyosin: an invertebrate pan–allergen. *International Archives of Allergy and Immunology*, 119: 247–258.

Rumpold, B.A. & Schlüter, O.K. 2013. Nutritional composition and safety aspects of edible insects. *Molecular Nutrition & Food Research*, 57: 802–823.

Ribeiro, J.C., Cunha, L.M., Sousa-Pinto, B. & Fonseca, J. 2018. Allergic risks of consuming edible insects: A systematic review. *Molecular Nutrition & Food Research*, 62: 1700030.

Srinroch, C., Srisomsap, C., Chokchaichamnankit, D., Punyarit, P. & Phiriyangkul, P. 2015. Identification of novel allergen in edible insect, *Gryllus bimaculatus* and its crossreactivity with *Macrobrachium* spp. allergens. *Food Chemistry*, 184: 160–166.

Stoops, J., Crauwels, S., Waud, M., Claes, J., Lievens, B. & van Campenhout, L. 2016.

Microbial community assessment of mealworm larvae (*Tenebrio molitor*) and grasshoppers (*Locusta migratoria* migratorioides) sold for human consumption. Food Microbiology, 53, pp. 122–127.

van der Fels-Klerx, H.J., Camenzuli, L., van Der Lee, M.K. & Oonincx, D.G.A.B. 2016. Uptake of cadmium, lead and arsenic by *Tenebrio molitor* and *Hermetia illucens* from contaminated substrates. *PLOS ONE*, 11: e0166186. doi.org/10.1371/journal.pone.0166186.

van Huis, A. & Oonincx, D.G.A.B. 2017. The environmental sustainability of insects as food and feed. A review. *Agronomy for Sustainable Development*, 37.

Vandeweyer, D., Lievens, B. & van Campenhout, L. 2020. Identification of bacterial endospores and targeted detection of foodborne viruses in industrially reared insects for food. *Nature Food*, 1: 511–516.

Vijver, M., Jager, T., Posthuma, L. & Peijnenburg, W. 2003. Metal uptake from soils and soil–sediment mixtures by larvae of *Tenebrio molitor* (L.) (Coleoptera). *Ecotoxicology and Environmental Safety*, 54: 277–289.

Wales, A.D., Carrique-Mas, J.J., Rankin, M., Bell, B., Thind, B.B. & Davies, R.H. 2010. Review of the carriage of zoonotic bacteria by arthropods, with special reference to Salmonella in mites, flies and litter beetles. *Zoonoses and Public Health*, 57: 299–314.

Westerhout, J., Krone, T., Snippe, A., Babé, L., McClain, S., Ladics, G.S., Houben, G.F. & Verhoeckx, K.C.M. 2019. Allergenicity prediction of novel and modified proteins: Not a mission impossible! Development of a random Forest allergenicity prediction model. *Regulatory Toxicology and Pharmacology*, 107: 104422.

Zhang, Z.-S., Lu, X.-G., Wang, Q.-C. & Zheng, D.-M. 2009. Mercury, cadmium and lead biogeochemistry in the soil–plant–insect system in Huludao City. *Bulletin of Environmental Contamination and Toxicology*, 83: 255–259.

4.2 水母

Amaral, L., Raposo, A., Morais, Z. and Colmbra, A. Jellyfish ingestion was safe for patients with crustaceans, cephalopods and fish allergy. *Asia Pacific Allergy*, 8(1): e3. doi: 10.5415/apallergy.2018.8.e3.

Bonaccorsi, G., Garamella, G., Cavallo, G. & Lorini, C. 2020. A systematic review of risk assessment associated with jellyfish consumption as a potential novel food. *Foods*, 9: 935. doi:10.3390/foods9070935.

Basso, L., Rizzo, L., Marzano, M., Intranuovo, M., Fosso, B., Pesole, G., Piraino, S. & Stabili, L. 2019. Jellyfish summer outbreaks as bacterial vectors and potential hazards for marine animals and human health? The case of *Rhizostoma pulmo* (Scyphozoa, Cnidaria). *Science of the Total Environment,* 692: 305–318. https://doi.org/10.1016/j.scitotenv.2019.07.155.

Bleve, G., Ramires, F.A., Gallo, A. & Leone, A. 2019. Identification of safety and quality parameters for preparation of jellyfish based novel food products. *Foods*, 8: 263. doi:10.3390/foods8070263.

Boero, F. 2013. Review of jellyfish blooms in the Mediterranean and Black Sea. Studies and

Reviews. *General Fisheries Commission for the Mediterranean.* No. 92. Rome, FAO, 53 pp. https://www.fao.org/3/i3169e/i3169e.pdf.

Bosch-Belmar, M., Milisenda, G., Basso, L., Doyle, T.K., Leone, A. & Piraino, S. 2021. Jellyfish impacts on marine aquaculture and fisheries. *Reviews in Fisheries Science & Aquaculture*, 29(2): 242–259. doi: 10.1080/23308249.2020.1806201.

Brotz, L. 2016. Jellyfish fisheries of the world. Vancouver, Canada, Department of Zoology, University of British Columbia. PhD Dissertation.

Brotz, L., Cheung, W.W.L., Kleisner, K., Pakhomov, E. & Pauly, D. 2012. Increasing jellyfish populations: Trends in Large Marine Ecoystems. *Hydrobiologica*, 690: 3–20. doi:10.1007/s10750-012-1039-7.

Brotz, L., Schiariti, A., López-Martínez, J., Álvarez-Tello, J., Peggy Hsieh, Y.-H., Jones, R.P., Quiñones, J. *et al.* 2017. Jellyfish fisheries in the Americas: origin, state of the art, and perspectives on new fishing grounds. *Reviews in Fish Biology and Fisheries*, 27(1): 1–29. https://doi.org/10.1007/s11160-016-9445-y.

Condon, R.H., Duarte, C.M., Pitt, K.A., Robinson, K.L., Lucas, C.H., Sutherland, K.R., Mianzan, H.W. *et al.* 2013. Recurrent jellyfish blooms are a consequence of global oscillations. *Proceedings of the National Academy of Sciences*, 110(3): 1000–1005. https://doi.org/10.1073/pnas.1210920110.

Costa, E., Gambardella, C., Piazza, V., Vassalli, M., Sbrana, F., Lavorano, S., Garaventa, F. *et al.* 2020. Microplastics ingestion in the ephyra stage of *Aurelia* sp. triggers acute and behavioral responses. *Ecotoxicology and Environmental Safety*, 189: 109983. https://doi.org/10.1016/j.ecoenv.2019.109983.

Cuypers, E., Yanagihara, A., Karlsson, E. & Tytgat, J. 2006. Jellyfish and other cnidarian envenomations cause pain by affecting TRPV1 channels. *FEBS Letters*, 580(24): 5728–5732. https://doi.org/10.1016/j.febslet.2006.09.030.

Cuypers, E., Yanagihara, A., Rainier, J.D. & Tytgat, J. 2007. TRPV1 as a key determinant in ciguatera and neurotoxic shellfish poisoning. *Biochemical and Biophysical Research Communications*, 361(1): 214–217. https://doi.org/10.1016/j.bbrc.2007.07.009.

Pineton de Chambrun, G., Body-Malapel, M., Frey-Wagner, I., Djouina, M., Deknuydt, F., Atrott, K., Esquerre, N. *et al.* 2014. Aluminum enhances inflammation and decreases mucosal healing in experimental colitis in mice. *Mucosal Immunology*, 7(3): 589–601. https://doi.org/10.1038/mi.2013.78.

De Domenico, S., De Rinaldis, G., Paulmery, M., Piraino, S. & Leone, A. 2019. Barrel jellyfish (*Rhizostoma pulmo*) as source of antioxidant peptides. *Marine Drugs*, 17: 134. doi:10.3390/md17020134.

Dickie, G. 2018. Jellyfish threaten Norway's salmon farming industry. In: *Hakai Magazine.* Victoria, Canada. Cited 21 July 2021. https://www.hakaimagazine.com/news/jellyfish-threaten-norways-salmon-farming-industry/.

Dong, J., Jiang, L., Tan, K., Liu, H., Purcell, J.E., Li, P. & Ye, C. 2009. Stock enhancement of the edible jellyfish (*Rhopilema esculentum* Kishinouye) in Liaodong Bay, China: a review. *Hydrobiologia*, 616(1): 113–118. https://doi.org/10.1007/s10750-008-9592-9.

Dong, Z., Liu, D. & Keesing, J.K. 2010. Jellyfish blooms in China: Dominant species, causes and consequences. *Marine Pollution Bulletin*, 60: 954–963. doi: 10.1016/j.marpolbul.2010.04.022.

Dong, Z., Liu, D. & Keesing, J.K. 2014. Contrasting trends in populations of *Rhopilema esculentum* and *Aurelia aurita* in Chinese Waters. In: K. Pitt, & C. Lucas, eds. *Jellyfish Blooms*. Dordrecht, Springer. https://doi.org/10.1007/978-94-007-7015-7_9.

EC. 2019. Jellyfish: out of the ocean and on to the menu. In: *European Commission*. Cited 21 August 2021. https://ec.europa.eu/research-and-innovation/en/projects/success-stories/all/jellyfish-out-ocean-and-menu.

Epstein, H.E., Templeman, M.A. & Kingsford, M.J. 2016. Fine-scale detection of pollutants by a benthic marine jellyfish. *Marine Pollution Bulletin,* 107: 340–346. https://doi.org/10.1016/j.marpolbul.2016.03.027.

FAO. 2020. *The State of World Fisheries and Aquaculture 2020. Sustainably in action.* Rome. https://www.fao.org/publications/sofia/2020/en/.

FAO & WHO. 2006. *Evaluation of certain food additives and contaminants. Sixty-seventh report of the Joint FAO/WHO Expert Committee on Food Additives.* WHO Technical Report Series No. 940. Rome, FAO. https://apps.who.int/iris/handle/10665/43592.

FAO & WHO. 2011. *Evaluation of certain food additives and contaminants. Seventy-fourth report of the Joint FAO/WHO Expert Committee on Food Additives*. WHO Technical Report Series No. 966. Rome, FAO. https://apps.who.int/iris/handle/10665/44788.

FAO & WHO. 2012. *Safety evaluation of certain food additives and contaminants.* WHO Food Additives Series: 65. Geneva, World Health Organization. https://apps.who.int/iris/handle/10665/44813.

Gibbons, M.J. & Richardson, A.J. 2013. Beyond the jellyfish joyride and global oscillations: advancing jellyfish research. *Journal of Plankton Research*, 35(5): 929–938. doi:10.1093/plankt/fbt063.

Griffin, D.C., Harrod, C., Houghton, J.D.R. & Capellini, I. 2019. Unravelling the macro-evolutionary ecology of fish–jellyfish associations: life in the "gingerbread house". *Proceedings of the Royal Society B: Biological Sciences*, 286(1899): 20182325. https://doi.org/10.1098/rspb.2018.2325.

Hays, G.C., Doyle, T.K. & Houghton, J.D.R. 2018. A paradigm shift in the trophic importance of jellyfish? Trends in Ecology & Evolution, 33(11): 874–884. https://doi.org/10.1016/j.tree.2018.09.001.

Hsieh, P. Y.-H., Leong, F.-M. & Rudloe, J. 2001. Jellyfish as food. *Hydrobiologica,* 451: 11–17. https://doi.org/10.1023/A:1011875720415.

Iliff, S.M., Wilczek, E.R., Harris, R.J., Bouldin, R. & Stoner, E.W. 2020. Evidence of microplastics from benthic jellyfish (*Cassiopea xamachana*) in Florida estuaries. *Marine Pollution Bulletin*, 159: 111521. https://doi.org/10.1016/j.marpolbul.2020.111521.

Imamura, K., Tsuruta, D., Tsuchisaka, A., Mori, T., Ohata, C., Furumura, M. & Hashimoto, T. 2013. Anaphylaxis caused by ingestion of jellyfish. *European Journal of Dermatology*, 23(3): 392–395. https://doi.org/10.1684/ejd.2013.2030.

Khong, N.M.H., Yusoff, F.Md., Jamilah, B., Basri, M., Maznah, I., Chan, K.W. & Nishikawa, J. 2016. Nutritional composition and total collagen content of three commercially important edible jellyfish. *Food Chemistry*, 196: 953–960. https://doi.org/10.1016/j.foodchem.2015.09.094.

Kiger, P.J. 2013. Jellyfish invasion shuts down nuclear reactor. In: *National Geographic*. Washington, DC, USA. Cited 21 August 2021. https://www.nationalgeographic.com/environment/article/jellyfish-invasion-shuts-down-nuclear-plant.

Kramar, M.K., Tinta, T., Lučić, D., Malej, A. & Turk, V. Bacteria associated with moon jellyfish during bloom and post-bloom periods in the Gulf of Trieste (northern Adriatic). *PLoS One,* 14(1): e0198056. https://doi.org/10.1371/journal.pone.0198056.

Leone, A., Lecci, R.M., Durante, M., Meli, F. & Piraino, S. 2015. The bright side of gelatinous blooms: nutraceutical value and antioxidant properties of three Mediterranean jellyfish (Scyphozoa*). Marine Drugs*, 13: 4654–4681. doi:10.3390/md13084654.

Leone, A., Lecci, R.M., Milisenda, G. & Piraino, S. 2019. Mediterranean jellyfish as novel food: effect of thermal processing on antioxidant, phenolic, and protein contents. *European Food Research and Technology*, 245: 1611–1627. https://doi.org/10.1007/s00217-019-03248-6.

Li, Z., Tan, X., Yu, B. & Zhao, R. 2017. Allergic shock caused by ingestion of cooked jellyfish: A case report. *Medicine*, 96(38): e7962. https://doi.org/10.1097/MD.0000000000007962.

Lin, S.L., Hu, J.M., Guo, R., Lin, Y., Liu, L.L., Tan, B.K. & Zeng, S.X. 2016. Potential dietary assessment of alum-processed jellyfish. *Bulgarian Chemical Communications*, Special Issue H, 70–77.

Macali, A. & Bergami, E. 2020. Jellyfish as innovative bioindicator for plastic pollution. *Ecological Indicators*, 115: 106375. https://doi.org/10.1016/j.ecolind.2020.106375.

Macali, A., Semenov, A., Venuti, V., Crupi, V., D'Amico, F., Rossi, B., Corsi, I. & Bergami, E. 2018. Episodic records of jellyfish ingestion of plastic items reveal a novel pathway for trophic transference of marine litter. *Scientific Reports*, 8: 6105. https://doi.org/10.1038/s41598-018-24427-7.

Mills, C.E. 2001. Jellyfish blooms: are populations increasing globally in response to changing ocean conditions? *Hydrobiologica*, 451: 55–68. https://doi.org/10.1023/A:1011888006302.

Muñoz-Vera, A., Castejón, J.M.P. & García, G. 2016. Patterns of trace element bioaccumulation in jellyfish *Rhizostoma pulmo* (Cnidaria, Scyphozoa) in a Mediterranean coastal lagoon from SE Spain. *Marine Pollution Bulletin*, 110(1): 143–154. doi: 10.1016/j.marpolbul.2016.06.069.

Okubo, Y., Yoshida, K., Furukawa, M., Sasaki, M., Sakakibara, H., Terakawa, T. & Akasawa, A. 2015. Anaphylactic shock after the ingestion of jellyfish without a history of jellyfish contact or sting. *European Journal of Dermatology*, 25(5): 491–492. https://doi.org/10.1684/ejd.2015.2596.

Peng, S., Hao, W., Li, Y., Wang, L., Sun, T., Zhao, J. & Dong, Z. 2021. Bacterial Communities

Associated with Four Blooming Scyphozoan Jellyfish: Potential Species-Specific Consequences for Marine Organisms and Humans Health. *Frontiers in Microbiology*, 12: 647089. https://doi.org/10.3389/fmicb.2021.647089.

Petter, O. 2017. We need to start eating jellyfish to reduce their growing numbers, advise scientists. In: *Independent*. Cited 13 August 2013. https://www.independent.co.uk/life-style/food-and-drink/jellyfish-numbers-need-eat-them-population-mediterranean-silvio-grecio-british-people-sting-a7891996.html.

Purcell, J.E., Uye, S.-I. & Lo, W.-T. 2007. Anthropogenic causes of jellyfish blooms and their direct consequences for humans: a review. *Marine Ecology Progress Series*, 350: 153–174. https://doi.org/10.3354/meps07093.

Raposo, A., Coimbra, A., Amaral, L., Gonçalves, A. & Morais, Z. 2018. Eating jellyfish: safety, chemical and sensory properties. *Journal of the Science of Food and Agriculture*, 98(10): 3973–3981. https://doi.org/10.1002/jsfa.8921.

Rinat, Z. 2019. Swarms of jellyfish invade power plant in southern Israel. In: *Israel News*. Tel Aviv, Israel. Cited 31 August 2021. https://www.haaretz.com/israel-news/swarms-of-jellyfish-invade-power-plant-in-southern-israel-1.7449716.

Sanz-Martín, M., Pitt, K.A., Condon, R.H., Lucas, C.H., de Santana, N. & Duarte, C.M. 2016. Flawed citation practices facilitate the unsubstantiated perception of a global trend toward increased jellyfish blooms. *Global ecology and Biogeography*, 25: 1039–1049. doi: 10.1111/geb.12474.

Siggins, L. 2013. Jellyfish “bloom” kills thousands of farmed salmon off Co Mayo. In: *The Irish Times*. Dublin, Ireland. Cited 12 August 2021. https://www.irishtimes.com/news/ireland/irish-news/jellyfish-bloom-kills-thousands-of-farmed-salmon-off-co-mayo-1.1567468.

Sun, X., Li, Q., Zhu, M., Liang, J., Zheng, S. & Zhao, Y. 2017. Ingestion of microplastics by natural zooplankton groups in the northern South China Sea. *Marine Pollution Bulletin*, 115: 217–224. http://dx.doi.org/10.1016/j.marpolbul.2016.12.004.

Tomljenovic, L. 2011. Aluminum and Alzheimer's disease: after a century of controversy, is there a plausible link? *Journal of Alzheimer's Disease*, 23(4): 567–598. doi: 10.3233/JAD-2010-101494.

Tucker, A. 2010. Jellyfish: The next king of the sea. In: *Smithsonian Magazine*. Washington, DC. Cited 3 July 2021. https://www.smithsonianmag.com/science-nature/jellyfish-the-next-king-of-the-sea-679915/.

UN Nutrition. 2021. *The role of aquatic food in sustainable healthy diets*. Rome. FAO. https://www.unnutrition.org/news/launch-aquatic-foods.

Vaidya, S. 2003. Jellyfish choke Oman desalination plants. In: *Gulf News*. Cited 5 August 2021. https://gulfnews.com/uae/jellyfish-choke-oman-desalination-plants-1.355525.

Vodopivec, M., Peliz, A.J. & Malej, A. 2017. Offshore marine constructions as propagators of moon jellyfish dispersal. *Environmental Research Letters*, 12: 084003. doi: 10.1088/1748-9326/aa75d9.

Wong, W.W.K., Chung, S.W.C., Kwong, K.P., Ho, Y.Y. & Xiao, Y. 2010. Dietary exposure to aluminium of the Hong Kong population. *Food Additives and Contaminants,* 27(4): 457–463. https://doi.org/10.1080/19440040903490112.

Yokel, R.A. 2020. Aluminum reproductive toxicity: a summary and interpretation of scientific reports. *Critical Reviews in Toxicology,* 50(7): 551–593. doi: 10.1080/10408444.2020.1801575.

Youssef, J., Keller, S. & Spence, C. 2019. Making sustainable foods (such as jellyfish) delicious. *International Journal of Gastronomy and Food Science*, 16: 100141. https://doi.org/10.1016/j.ijgfs.2019.100141.

Zlotnick, B.A., Hintz, S., Park, D.L. & Auerbach, P.S. 1995. Ciguatera poisoning after ingestion of imported jellyfish: diagnostic application of serum immunoassay. *Wilderness & Environmental Medicine*, 6(3): 288–294.

4.3 植物基替代品

Abrams, E.M. & Gerstner, T.V. 2015. Allergy to cooked, but not raw, peas: a case series and review. *Allergy, Asthma & Clinical Immunology*, 11(1): 10. https://doi.org/10.1186/s13223-015-0077-x.

Antoine, T., Icard-Vernière, C., Scorrano, G., Salhi, A., Halimi, C., Georgé, S., Carrière, F. *et al.* 2021. Evaluation of vitamin D bioaccessibility and mineral solubility from test meals containing meat and/or cereals and/or pulses using in vitro digestion. *Food Chemistry*, 347: 128621. https://doi.org/10.1016/j.foodchem.2020.128621.

Arroyo-Manzanares, N., Hamed, A.M., García-Campaña, A.M. & Gámiz-Gracia, L. 2019. Plant-based milks: unexplored source of emerging mycotoxins. A proposal for the control of enniatins and beauvericin using UHPLC-MS/MS. *Food Additives & Contaminants: Part B*, 12(4): 296–302. https://doi.org/10.1080/19393210.2019.1663276.

Bao, W., Rong, Y., Rong, S. & Liu, L. 2012. Dietary iron intake, body iron stores, and the risk of type 2 diabetes: a systematic review and meta-analysis. *BMC Medicine*, 119. https://doi.org/10.1186/1741-7015-10-119.

Beach, C. 2021. New law puts sesame on fast track for allergen labelling requirements. In: *Food Safety News*. Cited 7 September 2021. https://www.foodsafetynews.com/2021/04/new-law-puts-sesame-on-fast-track-for-allergen-labeling-requirements/.

Bennett, J.W. & Kilch, M. 2003. Mycotoxins. *Clinical Microbiology Reviews*, 16(3): 497–516. doi: 10.1128/CMR.16.3.497-516.2003.

Cabanillas, B., Jappe, U. & Novak, N. 2018. Allergy to peanut, soybean, and other legumes: recent advances in allergen characterization, stability to processing and IgE cross-reactivity. *Molecular Nutrition & Food Research*, 62: 1700446. doi: 10.1002/mnfr.201700446.

Cramer, H., Kessler, C.S., Sundberg, T., Leach, M.J., Schumann, D., Adams, J. & Lauche, R. 2017. Characteristics of Americans Choosing Vegetarian and Vegan Diets for Health Reasons. *Journal of Nutrition Education and Behavior*, 49(7): 561-567.e1. https://doi.org/10.1016/j.jneb.2017.04.011.

Curtain, F. & Grafenauer, S. 2019. Plant-based meat substitutes in the flexitarian age: An audit of products on supermarket shelves. *Nutrients*, 11: 2603. doi:10.3390/nu11112603.

Divi, R.L., Chang, H.C. & Doerge, D.R. 1997. Anti-thyroid isoflavones from soybean: isolation, characterization, and mechanisms of action. *Biochemical Pharmacology*, 54: 1087–1096. doi: 10.1016/s0006-2952(97)00301-8.

Drewnowski, A. 2021. Plant-based milk beverages in the USDA Branded Food Products Database would benefit from nutrient density standards. *Nature Food*, 2: 567–569. https://doi.org/10.1038/s43016-021-00334-5.

Elkin, E. 2021. Plant-based food sales to increase fivefold by 2030, BI says. In: *Bloomberg*. Cited 15 November 2021. https://www.bloomberg.com/news/articles/2021-08-11/plant-based-food-sales-to-increase-fivefold-by-2030-bi-says.

Eshel, G., Shepon, A., Makov, T. & Milo, R. 2014. Land, irrigation, water, greenhouse gas, and reactive nitrogen burdens of meat, eggs, and dairy production in the United States. *Proceedings of the National Academy of Sciences of the United States of America*, 111(23): 11996–12001. https://doi.org/10.1073/pnas.1402183111.

Eshel, G., Stainier, P., Shepon, A. & Swaminathan, A. 2019. Environmentally optimal, nutritionally sound, protein and energy conserving plant-based alternatives to U.S. meat. *Scientific Reports*, 9: 10345. https://doi.org/10.1038/s41598-019-46590-1.

FAO, IFAD, UNICEF, WFP & WHO. 2020. *The State of Food Security and Nutrition in the World. Transforming food systems for affordable healthy diets*. Rome, FAO. https://doi.org/10.4060/ca9692en.

FAO & WHO. 2017. *Evaluation of certain contaminants in food. Eighty-third report of the Joint FAO/WHO Expert Committee on Food Additives.* WHO Technical Report Series No. 1002. Geneva, WHO. https://apps.who.int/iris/bitstream/10665/254893/1/9789241210027-eng.pdf?ua=1#page=104%22%3E.

FAO & WHO. 2018. *General Standard for the Labelling of Prepackaged Foods*. Rome, FAO. https://www.fao.org/fao-who-codexalimentarius/sh-proxy/en/?lnk=1&url=https%253A%252F%252Fworkspace.fao.org%252Fsites%252Fcodex%252FStandards%252FCXS%2B1-1985%252FCXS_001e.pdf.

FAO & WHO. 2021. *Ad hoc Joint FAO/WHO Expert Consultation on Risk Assessment of Food Allergens. Part 1: Review and validation of Codex priority allergen list through risk assessment. Summary and Conclusions*. Rome, FAO. https://www.fao.org/3/cb4653en/cb4653en.pdf.

Fearn, H. 2021. Pea protein is causing a mighty problem for people with allergies. In: *HuffPost*. Cited 16 November 2021. https://www.huffingtonpost.co.uk/entry/pea-protein-allergy_uk_618ad212e4b055e47d80f1da.

Ferrer, B. 2021. Equinom & Dipasa harness AI for new high-protein sesame tipped to replace conventional plant-based bases. In: *Food Ingredients*. Cited 15 September, 2021. https://www.foodingredientsfirst.com/news/equinom-dipasa-harness-ai-to-develop-new-high-protein-sesame-variety-tipped-to-replace-conventional-plant-based-bases.html.

Floris, R. 2021. Industry insights from NIZO: Safety challenges for plant-based foods. In: *Food*

Navigator. Cited 18 October 2021. https://www.foodnavigator.com/Article/2021/04/21/Industry-insights-from-NIZO-Safety-challenges-for-plant-based-foods.

Galai, T.M., Hassan, L.M., Ahmed, D.A., Alamri, S.A., Alrummam, S.A. & Eid, E.M. 2021. Heavy metals uptake by the global economic crop (*Pisum sativum* L.) in contaminated soils and its associated health risks. *PLoS One*, 16(6): e025229. https://doi.org/10.1371/journal.pone.0252229.

Gao, B., Li, Y., Huang, G. & Yu, L. 2019. Fatty acid esters of 3-monochloropropanediol: a review. *Annual Review of Food Science and Technology,* 10: 259–284.

Geeraerts, W., De Vuyst, L. & Leroy, F. 2020. Ready-to-eat meat alternatives, a study of their associated bacterial communities. *Food Bioscience*, 37: 100681. https://doi.org/10.1016/j.fbio.2020.100681.

Gibson, R.S., Heath, A. M. & Szymlek-Gay, E.A. Is iron and zinc nutrition a concern for vegetarian infants and young children in industrialized countries? *The American Journal of Clinical Nutrition*, 100(suppl.): 459S–468S. doi: 10.3945/ajcn.113.071241.

Hamed, A.M., Arroyo-Manzanares, N., Garcia-Campaña, A.M. & Gámiz-Gracia, L. 2017. Determination of Fusarium toxins in functional vegetable milks applying salting-out-assisted liquid-liquid extraction combined with ultra-high-performance liquid chromatography tandem mass spectrometry. *Food Additives & Contaminants: Part A*, 34(11): 2033–2041. doi: 10.1080/19440049.2017.1368722.

Hashempour-Baltork, F., Khosravi-Darani, K., Hosseini, H., Farshi, P. & Reihani, F. 2020. Mycoproteins as safe meat substitutes. *Journal of Cleaner Production*, 253: 119958. https://doi.org/10.1016/j.jclepro.2020.119958.

He, J., Evans, N.M., Liu, H. & Shao, S. 2020. A review of research on plant-based meat alternatives: driving forces, history, manufacturing, and consumer attitudes. *Comprehensive Reviews in Food Science and Food Safety*, 19(5): 2639–2656. https://doi.org/10.1111/1541-4337.12610.

Heffler, E., Pizzimenti, S., Badiu, I., Guida, G. & Rolla, G. 2014. Buckwheat allergy: An emerging clinical problem in Europe. *Journal of Allergy & Therapy*, 5: 2. doi: 10.4172/2155-6121.1000168.

Hoff, M., Trueb, R.M., Ballmer-Weber, B.K., Vieths, S. & Wuethrich, B. 2003. Immediate-type hypersensitivity reaction to ingestion of mycoprotein (Quorn) in a patient allergic to moulds caused by acidic ribosomal protein P2. *Journal of Allergy and Clinical Immunology*, 111(5): 1106–1110. doi: 10.1067/mai.2003.1339.

Holcomb, R. & Bellmer, D. 2021. "Upcycling" promises to turn food waste into your next meal. In: *The Conversation*. In: Cited 28 October 2021. https://theconversation.com/upcycling-promises-to-turn-food-waste-into-your-next-meal-157500.

Jacobson, M.F. & DePorter, J. 2018. Self-reported adverse reactions associated with mycoprotein (Quorn-brand) containing foods. *Annals of Allergy, Asthma & Immunology*, 120(6): 626–630. doi: 10.1016/j.anai.2018.03.020.

Joshi, V. & Kumar, S. 2015. Meat Analogues: Plant based alternatives to meat products- A review. *International Journal of Food and Fermentation Technology*, 5(2): 107. https://doi.org/10.5958/2277-9396.2016.00001.5.

Kakleas, K., Luyt, D., Foley, G. & Noimark, L. 2020. Is it necessary to avoid all legumes in legume allergy? *Pediatric Allergy and Immunology*, 31(7): 848–851. https://doi.org/10.1111/pai.13275.

Kateman, B. 2021. Will upcycling be as popular as plant-based food? In: *Forbes*. Cited 17 November 2021. https://www.forbes.com/sites/briankateman/2021/03/30/will-upcycling-become-as-popular-as-plant-based-food/?sh=6ede3034237.

Key, T.J., Appleby, P.N., Crowe, F.L., Bradbury, K.E., Schmidt, J.A. & Travis, R.C. 2014. Cancer in British vegetarians: updated analyses of 4998 incident cancers in a cohort of 32,491 meat eaters, 8612 fish eaters, 18,298 vegetarians, and 2246 vegans. *The American Journal of Clinical Nutrition*, 100(suppl_1): 378S–385S. https://doi.org/10.3945/ajcn.113.071266.

Kim, H., Caulfield, L.E., Garcia-Larsen, V., Steffen, L.M., Coresh, J. & Rebholz, C.M. 2019. Plant-based diets are associated with a lower risk of incident cardiovascular disease, cardiovascular disease mortality, and all-cause mortality in a general population of middle-aged adults. *Journal of American Heart Association*, 8: e012865. https://doi.org/10.1161/JAHA.119.012865.

Lopez, S.H., Dias, J., Mol, H. & de Kok, A. 2020. Selective mutiresidue determination of highly polar anionic pesticides in plant-based milk, wine and beer using hydrophilic interaction liquid chromatography combined with tandem mass spectrometry. *Journal of Chromatography A*, 1625: 461226. https://doi.org/10.1016/j.chroma.2020.461226.

McClements, D.J. & Grossmann, L. 2021. The science of plant-based foods: Constructing next-generation meat, fish, milk, and egg analogs. *Comprehensive Reviews in Food Science and Food Safety*, 20(4): 4049–4100. doi: 10.1111/1541-4337.12771.

McDermott, A. 2021 Science and culture: Looking to "junk" food to design healthier options. *Proceedings of the National Academy of Sciences of the United States of America*, 118(41): e2116665118. https://doi.org/10.1073/pnas.2116665118.

McHugh, T. 2019. How plant-based meat and seafood are processed. In: *IFT*. Cited 24 October 2021. https://www.ift.org/news-and-publications/food-technology-magazine/issues/2019/october/columns/processing-how-plant-based-meat-and-seafood-are-processed.

Miró-Abella, E., Herrero, P., Canela, N., Arola, L., Borrull, F., Ras, R. & Fontanals, N. 2017. Determination of mycotoxins in plant-based beverages using QuEChERS and liquid chromatography-tandem mass spectrometry. *Food Chemistry*, 229: 366–372. http://dx.doi.org/10.1016/j.foodchem.2017.02.078.

Morrison, O. 2020. Pea protein trend sparks allergy warning. In: *Food Navigator.* Cited 21 October 2021. https://www.foodnavigator.com/Article/2020/03/16/Pea-protein-trend-sparks-allergy-warning.

Nasrabadi, M.N., Doost, A.S. & Mezzenga, R. 2021. Modification approaches of plant-based proteins to improve their techno-functionality and use in food products. *Food Hydrocolloids*, 118: 106789. https://doi.org/10.1016/j.foodhyd.2021.106789.

National Food Institute-Technical University of Denmark, Doulgeridou, A., Amlund, H., Sloth, J.J. & Hansen, M. 2020. Review of potentially toxic rare earth elements, thallium and tellurium in plant-based foods. *EFSA Journal*, 18(EU-FOR A Series 3). Cited 15 December 2021. https://data.europa.eu/doi/10.2903/j.efsa.2020.e181101.

Patisaul, H.B. 2017. Endocrine disruption by dietary phyto-oestrogens: impact on dimorphic sexual systems and behaviours. *Proceedings of the Nutrition Society*, 76(2): 130–144. doi: 10.1017/S0029665116000677.

Petroski, W. & Minich, D.M. 2020. Is there such a thing as “anti-nutrients” ? A narrative review of perceived problematic plant compounds. *Nutrients*, 12: 2929. doi:10.3390/nu12102929.

Poore, J. & Nemecek, T. 2019. Reducing food’s environmental impacts through producers and consumers. *Science,* 360(6392): 987–992. doi: 10.1126/science.aaq0216.

Ranga, S.K. & Raghavan, V. 2018. How well do plant-based alternatives fare nutritionally compared to cow’s milk? *Journal of Food Science and Technology*, 55(1): 10–20. doi: 10.1007/s13197-017-2915-y.

Ritala, A., Häkkinen, S.T., Toivari, M. & Wiebe, M.G. 2017. Single cell protein—state-of-the-art industrial landscape and patents 2001 – 2016. *Frontiers in Microbiology*, 8: 2009. doi: 10.3389/fmicb.2017.02009.

Rizzo, G., Laganà, A., Rapisarda, A., La Ferrera, G., Buscema, M., Rossetti, P., Nigro, A. *et al.* 2016. Vitamin B_{12} among Vegetarians: Status, Assessment and Supplementation. *Nutrients*, 8(12): 767. https://doi.org/10.3390/nu8120767.

Rousseau, S., Kyomugasho, C., Celus, M., Hendrickx, M.E.G. & Grauwet, T. 2020. Barriers impairing mineral bioaccessibility and bioavailability in plant-based foods and the perspectives for food processing. *Critical Reviews in Food Science and Nutrition*, 60(5): 826–843. doi: 10.1080/10408398.2018.1552243.

Rozenfeld, P., Docena, G.H. Añón, M.C. & Fossati, C.A. 2002. Detection and identification of a soy protein component that cross-reacts with caseins from cow’s milk. *Clinical & Experimental Immunology*, 130: 49–58. doi: 10.1046/j.1365-2249.2002.t01-1-01935.x.

Rubio, N.R., Xiang, N. & Kaplan, D.L. 2020. Plant-based and cell-based approaches to meat production. *Nature Communications,* 11: 6276. https://doi.org/10.1038/s41467-020-20061-y.

Sabaté, J. & Soret, S. 2014. Sustainability of plant-based diets: back to the future. *The American Journal of Clinical Nutrition*, 100(suppl.1): 476S–482S. doi: 10.3945/ajcn.113.071522.

Samtiya, M., Aluko, R.E. & Dhewa, T. 2020. Plant food anti-nutritional factors and their reduction strategies: an overview. *Food Production, Processing and Nutrition*, 2: 6. https://doi.org/10.1186/s43014-020-0020-5.

Satija, A., Bhupathiraju, S.N., Rimm, E.B., Spiegelman, D., Chiuve, S.E., Borgi, L., Willett, W.C. *et al.* 2016. Plant-Based Dietary Patterns and Incidence of Type 2 Diabetes in US Men and Women: Results from Three Prospective Cohort Studies. *PLOS Medicine*, 13(6): e1002039.

https://doi.org/10.1371/journal.pmed.1002039.

Sethi, S., Tyagi, S.K. & Anurag, R.K. 2016. Plant-based milk alternatives an emerging segment of functional beverages: a review. *Journal of Food Science and Technology,* 53(9): 3408 – 3423. doi: 10.1007/s13197-016-2328-3.

Sha, L. & Xiong, Y.L. 2020. Plant-protein-based alternatives of reconstructed meat: Science, technology, and challenges. *Trends in Food Science & Technology*, 102: 51–61. https://doi.org/10.1016/j.tifs.2020.05.022.

Sicherer, S.H. 2005. Food protein-induced enterocolitis syndrome: Case presentations and management lessons. *Journal of Allergy and Clinical Immunology*, 115(1): 149–156. doi: 10.1016/j.jaci.2004.09.033.

Specht, L. 2019. Why plant-based meat will ultimately be less expensive than conventional meat. In: *Good Food Institute*. Cited 17 November 2021. https://gfi.org/blog/plant-based-meat-will-be-less-expensive.

Thompson, L.U., Boucher, B.A., Liu, Z., Cotterchio, M. & Kreiger, N. 2006. Phytoestrogen content of foods consumed in Canada, including isoflavones, lignans, and coumestan. *Nutrition and Cancer*, 54(2): 184–201. doi: 10.1207/s15327914nc5402_5.

Tuso, P.J., Ismail, M.H., Ha, B.P. & Bartolotto, C. 2013. Nutritional update for physicians: Plant based diets. *The Permanente Journal,* 17(2): 61–66. doi: 10.7812/TPP/12-085.

UNEP. 2021. *Food Waste Index Report 2021*. Nairobi. https://wedocs.unep.org/bitstream/handle/20.500.11822/35280/FoodWaste.pdf.

van Vliet, S., Bain, J.R., Muehlbauer, M.J., Provenza, F.D., Kronberg, S.L., Pieper, C.F. & Huffman, K.M. 2021. A metabolomics comparison of plant-based meat and grass-fed meat indicates large nutritional differences despite comparable Nutrition Fact panels. *Scientific Reports*, 11: 13828. https://doi.org/10.1038/s41598-021-93100-3.

van Vliet, S., Kronberg, S.L. & Provenza, F.D. 2020. Plant-based meats, human health, and climate change. *Frontiers in Sustainable Food Systems*, 4: 128. https://doi.org/10.3389/fsufs.2020.00128.

Verma, A.K., Kumar, S., Das, M. & Dwivedi, P.D. 2013. A comprehensive review of legume allergy. *Clinical Reviews in Allergy & Immunology*, 45: 30 – 46. doi: 10.1007/s12016-012-8310-6.

Villa, C., Costa, J. & Mafra, I. 2020. Lupine allergens: clinical relevance, molecular characterization, cross-reactivity, and detection strategies. *Comprehensive Reviews in Food Science and Food Safety*, 19: 3886–3915. doi: 10.1111/1541-4337.12646.

WHO. 2020a. Salt reduction. In: *World Health Organization*. Geneva. Cited 17 November 2021. https://www.who.int/news-room/fact-sheets/detail/salt-reduction.

WHO. 2020b. More than 3 billion people protected from harmful trans-fat in their food. In: *World Health Organization*. Geneva. Cited 29 November 2021. https://www.who.int/news/item/09-09-2020-more-than-3-billion-people-protected-from-harmful-trans-fat-in-their-food.

Wensing, M., Knulst, A.C., Piersma, S., O'Kane, F., Knol, E.F. & Koppelman, S.J. 2003.

Patients with anaphylaxis to pea can have peanut allergy caused by cross-reactive IgE to vicilin (Ara h 1). *The Journal of Allergy and Clinical Immunology*, 111(2): 420 – 424. doi:10.1067/mai.2003.61.

Wild, F., Czerny, M., Janssen, A.M., Kole, A.P.W., Zunabovic, M. & Domig, K.J. 2014. The evolution of a plant-based alternative to meat. From niche markets to widely accepted meat alternatives. *Agro Food Industry Hi-Tech*, 25(1): 45–49.

Willett, W., Rockström, J., Loken, B., Springmann, M., Lang, T., Vermeulen, S., Garnett, T. *et al.* 2019. Food in the Anthropocene: the EAT–Lancet Commission on healthy diets from sustainable food systems. *The Lancet*, 393(10170): 447–492. https://doi.org/10.1016/S0140-6736(18)31788-4.

Zaraska, M. 2021. Upcycling food waste onto our plates is a new effort. But will consumers find it appetizing? In: *The Washington Post*. Cited 17 November 2021. https://www.washingtonpost.com/science/upcycling-food-waste/2021/09/17/90fd81b2-0045-11ec-85f2-b871803f65e4_story.html.

Zhao, F.-J. & Wang, P. 2019. Arsenic and cadmium accumulation in rice and mitigation strategies. *Plant and Soil*, 446: 1–21. https://doi.org/10.1007/s11104-019-04374-6.

4.4 海藻

Almela, C., Jesus Clemente, M., Velez, D. & Montoro, R. 2006, Total arsenic, inorganic arsenic, lead and cadmium contents in edible seaweed in Spain. *Food and Chemical Toxicology*, 44: 901–923.

Álvarez-Muñoz, D., Rodríguez-Mozaz, S., Maulvault, A. L., Tediosi, A., Fernández-Tejedor, M., Van den Heuvel, F., Kotterman, M., Marques, A. & Barceló, D. 2015. Occurrence of pharmaceuticals and endocrine disrupting compounds in macroalgaes, bivalves, and fish from coastal areas in Europe. *Environmental Research*, 143: 56–64. https://doi.org/10.1016/j.envres.2015.09.018.

Anderson, D.M., Gilbert, P.M. & Burkholder, J.M. 2002. Harmful algal blooms and eutrophication: Nutrient sources, composition, and consequences. *Estuaries,* 25(4): 704–726.

ANSES Opinion. 2017. *Risks associated with the consumption of food supplements containing spirulina.* Maisons-Alfort Cedex, France. French Agency for Food, Environmental and Occupational Health & Safety. https://www.anses.fr/en/system/files/NUT2014SA0096EN.pdf.

Banach, J.L., Hoek-van den Hil., E.F. & van der Fels-Klerx, H.J. 2020. Food safety hazards in the European seaweed chain. *Comprehensive Reviews in Food Science and Food Safety*, 19: 332–364. doi: 10.1111/1541-4337.12523.

Bito, T., Teng, F. & Watanabe, F. 2017. Bioactive compounds of edible purple laver Porphyra sp. (Nori). *Journal of Agricultural and Food Chemistry,* 65: 10685–10692. doi: 10.1021/acs.jafc.7b04688.

Bizzaro, G., Vatland, A.K. & Pampanin, D.M. 2022. The One-Health approach in seaweed food production. *Environmental International*, 158: 106948. https://doi.org/10.1016/j.envint.2021.106948.

Buck, B.H., Nevejan, N., Wille, M., Chambers, M.D. & Chopin, T. 2017. Offshore and multi-use aquaculture with extractive species: seaweeds and bivalves. In: B. Back & R. Langan, R. eds. *Aquaculture perspective of multi-use sites in the open ocean*. Springer, Cham. https://doi.org/10.1007/978-3-319-51159-7_2.

Castlehouse, H., Smith, C., Raab, A., Deacon, C., Meharg, A. & Feldman, J. 2003. Biotransformation and accumulation of arsenic in soil amended with seaweed. *Environmental Science and Technology* 37, 951– 957.

Chen, Q., Pan, Q., Huang, B. & Han, J. 2018. Distribution of metals and metalloids in dried seaweeds and health risk to population in southeastern China. *Scientific Reports*, 8: 3578.

Cheney, D., Rajic, L., Sly, E., Meric, D. & Sheahan, T. 2014. Uptake of PCBs contained in marine sediments by the green macroalgae *Ulva rigida*. *Marine Pollution Bulletin*, 88(1-2): 207–214. doi: 10.1016/j.marpolbul.2014.09.004.

Cherry, P., O'Hara, C., Magee, P.J., McSorley, E.M. & Allsopp, P.J. 2019. Risks and benefits of consuming edible seaweeds. *Nutrition Reviews*, 77(5): 307–329. https://doi.org/10.1093/nutrit/nuy066.

Chojnacka, K. 2012, Using the biomass of seaweeds in the production of components of feed and fertilizers. *Handbook of Marine Macroalgae: Biotechnology and Applied Phycology*, 478–490.

Circuncisão, A.R., Catarino, M.D., Cardoso, S.M. & Silva, A.M.S. 2018. Minerals from macroalgae origin: health benefits and risks for consumers. *Marine Drugs*, 16(11): 400. doi: 10.3390/md16110400.

Concepcion, A., DeRosia-Banick, K. & Balcom, N. 2020. *Seaweed production and processing in Connecticut: A guide to understanding and controlling potential food safety hazards*. Connecticut Sea Grant and Connecticut Department of Agriculture Bureau of Aquaculture. https://seagrant.uconn.edu/wp-content/uploads/sites/1985/2020/01/Seaweed-Hazards-Guide_Jan2020_accessible.pdf.

Costa, M., Cardoso, A., Afonso, C., Bandarra, N.M. & Prates, J.A.M. 2021. Current knowledge and future perspectives of the use of seaweeds for livestock production and meat quality: a systematic review. *Animal Physiology and Animal Nutrition*, 00: 1–28. https://doi.org/10.1111/jpn.13509.

Cox, P.A., Banack, S.A., Murch, S.J., Rasmussen, U., Tien, G., Bidigare, R.R., Metcalf, J.S., Morrison, L.F., Codd, G.A. & Bergman, B. 2005. Diverse taxa of cyanobacteria produce beta-*N*-methylamino-L-alanine, a neurotoxic amino acid. *Proceedings of the National Academy of Sciences USA*, 102: 5074–5078. https://doi.org/10.1073/pnas.0501526102.

Cruz-Rivera, E. & Villareal, T. A. 2006. Macroalgal palatability and the flux of ciguatera toxins through marine food webs. *Harmful Algae*, 5(5): 497–525.

Domínguez-González, M. R., Chiocchetti, G. M., Herbello-Hermelo, P., Vélez, D., Devesa, V. & Bermejo-Barrera, P. 2017. Evaluation of iodine bioavailability in seaweed using in vitro methods. *Journal of Agricultural and Food Chemistry*, 65(38): 8435–8442. https://doi.org/10.1021/acs.jafc.7b02151.

Duarte, C., Wu, J., Xiao, X., Bruhn, A. & Krause-Jensen, D. 2017. Can seaweed farming play a role in climate change mitigation and adaptation? *Frontiers in Marine Science*, 4: doi.org/10.3389/fmars.2017.00100.

Duinker, A., Roiha, I.S., Amlund, H., Dahl, L., Kögel, T., Maage, A. & Bjørn-Tore Lunestad. 2016. *Potential risks posed by macroalgae for application as feed and food - a Norwegian perspective.* Bergen, Norway. National Institute of Nutrition and Seafood Research. https://doi.org/10.13140/RG.2.2.27781.55524.

Duncan, E., Maher, W. & Foster, S. 2014, Contribution of arsenic species in uni-cellular algae to the cycling of arsenic in marine ecosystems. *Environmental Science and Technology,* 49: 33–50.

EC SCF. 2002. *Opinion of the Scientific Committee on Food on the Tolerable Upper Intake Level of Iodine. (SCF/CS/NUT/UPPLEV/26 Final).* Brussels, European Commission.

EFSA. 2017. Technical report of EFSA's Activities on Emerging Risks in 2016. EFSA Supporting Publications, 14(11). https://doi.org/10.2903/sp.efsa.2017.EN-1336.

FAO. 2003. *A guide to the seaweed industry.* FAO Fisheries Technical Paper No. 441. Rome. https://www.fao.org/3/y4765e/y4765e.pdf.

FAO. 2004. *Marine biotoxins.* FAO Food and Nutrition Paper No. 80, Rome. https://www.fao.org/3/y5486e/y5486e00.htm.

FAO. 2018. *The global status of seaweed production, trade and utilization.* Globefish Research Programme, No. 124. Rome. https://www.fao.org/3/CA1121EN/ca1121en.pdf.

FAO. 2020. *The State of World Fisheries and Aquaculture 2020. Sustainability in action.* Rome. https://doi.org/10.4060/ca9229en.

FAO. 2021. *Seaweeds and microalgae: an overview for unlocking their potential in global aquaculture development.* FAO Fisheries and Aquaculture Circular No. 1229. Rome. https://www.fao.org/3/cb5670en/cb5670en.pdf.

FAO & WHO. forthcoming. *FAO/WHO Report of the Expert Meeting on Food Safety for Seaweed. Current Status and Future Perspectives.* Rome.

FAO & WHO. 2002. *Evaluation of certain food additives. Fifty-ninth report of the Joint FAO/WHO Expert Committee on Food Additives.* Geneva, World Health Organization. http://whqlibdoc.who.int/trs/WHO_TRS_913.pdf.

FAO & WHO. 2011. *Codex Guideline Levels for Radionuclides in Foods Contaminated Following a Nuclear or Radiological Emergency.* Fact Sheet. https://www.fao.org/3/au209e/au209e.pdf.

Fereshteh, G., Yassaman, B., Reza, A.M.M., Zavar, A. & Hossein, M. 2007. Phytoremediation of Arsenic by Macroalga: Implication in Natural Contaminated Water, Northeast Iran. *Journal of Applied Sciences*, 7(12): 1614–1619. https://doi.org/10.3923/jas.2007.1614.1619.

Fernández, P.A., Leal, P.P. & Henríquez, L.A. 2019. Co-culture in marine farms: macroalgae can act as chemical refuge for shell-forming molluscs under an ocean acidification scenario. *Phycologia*, 58(5): 542–551. https://doi.org/10.1080/00318884.2019.1628576.

Francesconi, K. & Kuehnelt, D. 2004, Determination of arsenic species: a critical review of methods and applications. *Analyst,* 129: 373–395.

FSAI. 2020. *Safety consideration of seaweed and seaweed-derived foods available on the Irish market. Report of the Scientific Committee of the Food Safety Authority of Ireland.* Dublin, Food Safety Authority of Ireland. https://www.fsai.ie/SafetyConsiderations_SeaweedAndSeaweedDerivedFoods_IrishMarket/.

Ganesan, A.R., Tiwari, U. & Rajauri, G. 2019. Seaweed nutraceuticals and their therapeutic role in disease prevention. *Food Science and Human Wellness,* 8(3): 252–263. https://doi.org/10.1016/j.fshw.2019.08.001.

Goddard, C.C. & Jupp, B.P. 2001. The radionuclide content of seaweeds and seagrasses around the coast of Oman and the United Arab Emirates. *Marine Pollution Bulletin*, 42(12): 1411–1416. doi: 10.1016/s0025-326x(01)00218-1.

Greenhalgh, E. 2016. Climate and lobsters. In: *Climate.gov*. Cited 6 February 2021. https://www.climate.gov/news-features/climate-and/climate-lobsters.

Grosse, Y., Baan, R., Straif, K., Secretan, B., El Ghissassi, F. & Cogliano, V. 2006. Carcinogenicity of nitrate, nitrite, and cyanobacterial peptide toxins. *The Lancet Oncology,* 7(8): 628–629.

Gunther, M. 2018. Can deepwater aquaculture avoid the pitfalls of coastal fish farms? In: *Yale Environment 360*. Cited 8 October 2021. New Haven, Connecticut. https://e360.yale.edu/features/can-deepwater-aquaculture-avoid-the-pitfalls-of-coastal-fish-farms.

Gupta, S. & Abu-Ghannam, N. 2011. Recent developments in the applications of seaweeds or seaweed extracts as a means for the safety and quality attributes of foods. *Innovative Food Science and Emerging Technologies*, 12: 600–609.

Gutow, L., Eckerlebe, A., Giménez, L. & Saborowski, R. 2016. Experimental evaluation of seaweeds as a vector for microplastics into marine food webs. *Environmental Science & Technology*, 50: 915–923. doi: 10.1021/acs.est.5b02431.

Heisler, J., Glibert, P., Burkholder, J., Anderson, D., Cochlan, W., Dennison, W., Gobler,C., Dortch, Q., Heil, C., Humphries, E., Lewitus, A., Magnien, R., Marshall, H., Sellner, K., Stockwell, D., Stoecker, D. & Suddleson, M. 2008. Eutrophication and harmful algal blooms: A scientific consensus. *Harmful Algae,* 8(1): 3–13.

Hord, N.G., Tang, Y. & Bryan, N.S. 2009. Food sources of nitrates and nitrites: the physiologic context for potential health benefits. *The American Journal of Clinical Nutrition*, 90(1): 1–10. https://doi.org/10.3945/ajcn.2008.27131.

Joung, E., Gwon, W., Shin, T., Jung, B., Choi, J. & Kim, H. 2017. Anti-inflammatory action of the ethanolic extract from *Sargassum serratifolium* on lipopolysaccharide-stimulated mouse peritoneal macrophages and identification of active components. *Journal of Applied Phycology*, 29: 563–573.

Kamunde, C., Sappal, R. & Melegy, T.M. 2019. Brown seaweed (AquaArom) supplementation increases food intake and improves growth, antioxidant status and resistance to temperature stress in Atlantic salmon, *Salmo salar*. *PLoS One,* 14(7): e0219792. doi: 10.1371/journal.pone.0219792.

Karthick, P., Sankar, R., Kaviarasan, T. & Mohanraju, R. 2012. Ecological implications of trace metals in seaweeds: Bio-indication potential for metal contamination in Wandoor, South Andaman Island. *The Egyptian Journal of Aquatic Research*, 38: 227–231.

Kinley, R.D., Martinez-Fernandez, G., Matthews, M.K., de Nys, R., Marnusson, M. & Tomkins, N.W. 2020. Mitigating the carbon footprint and improving productivity of ruminant livestock agriculture using a red seaweed. *Journal of Cleaner Production,* 259: 120836. https://doi.org/10.1016/j.jclepro.2020.120836.

Klumpp, D. 1990. Characteristics of arsenic accumulation by the seaweeds *Fucus spiralis* and *Ascophyllum nodosum*. *Marine Biology*, 58: 257–264.

Kusumi, E., Tanimoto, T., Hosoda, K., Tsubokura, M., Hamaki, T., Takahashi, K. & Kami, M. 2017. Multiple norovirus outbreaks due to shredded, dried, laver seaweed in Japan. *Infection Control & Hospital Epidemiology*, 38(7): 88 –886. https://doi.org/10.1017/ice.2017.70.

Krause-Jensen, D. & Duarte, C.M. 2016. Substantial role of macroalgae in marine carbon sequestration. *Nature Geoscience*, 9: 737–742. https://doi.org/10.1038/ngeo2790.

Larrea-Marin, M., Pomares-Alfonso, Gomez-Jusristi, M., Sanchez-Munoz, F., Rodenas & de la Rocha, S. 2010. Validation of an ICP-OES method for macro and trace element determination in *Laminaria* and *Porphyra* seaweeds from four different countries. *Journal of Food Composition and Analysis*, 23: 814–820.

Leston, S., Nunes, M., Viegas, I., Lemos, M. F. L., Freitas, A., Barbosa, J., Ramos, F. & Pardal, M. A. 2011. The effects of the nitrofuran furaltadone on *Ulva lactuca*. *Chemosphere*, 82(7): 1010–1016. https://doi.org/10.1016/j.chemosphere.2010.10.067.

Leston, S., Nunes, M., Viegas, I., Ramos, F. & Pardal, M. Â. 2013. The effects of chloramphenicol on *Ulva lactuca*. *Chemosphere*, 91(4): 552–557. https://doi.org/10.1016/j.chemosphere.2012.12.061.

Leston, S., Nunes, M., Viegas, I., Nebot, C., Cepeda, A., Pardal, M. T. & Ramos, F. 2014. The influence of sulfathiazole on the macroalgae *Ulva lactuca*. *Chemosphere*, 100: 105–110. https://doi.org/10.1016/j.chemosphere.2013.12.038.

Li, Q., Feng, Z., Zhang, T., Ma, C. & Shi, H. 2020. Microplastics in the commercial seaweed nori. *Journal of Hazardous Materials*, 388: 122060. https://doi.org/10.1016/j.jhazmat.2020.122060.

Liu, L., Heinrich, M., Myers, S. & Dworjanyn, S.A. 2012. Towards a better understanding of medicinal uses of the brown seaweed *Sargassum* in Traditional Chinese Medicine: a phytochemical and pharmacological review. *Journal of Ethnopharmacology*, 142(3): 591–619. https://doi.org/10.1016/j.jep.2012.05.046.

Ma, Z., Lin, L., Wu, M., Yu, H., Shang, T., Zhang, T. & Zhao, M. 2018. Total and inorganic arsenic contents in seaweeds: absorption, accumulation, transformation and toxicity. *Aquaculture*, 497: 49–55.

Mahmud, Z.H., Kassu, A., Mohammad, A., Yamato, M., Bhuiyan, N.A., Balakrish Nair, G. & Ota, F. 2006. Isolation and molecular characterization of toxigenic *Vibrio parahaemolyticus* from the Kii Channel, Japan. *Microbiological Research*, 161(1): 25–37. https://doi.org/10.1016/j.micres.2005.04.005.

Mahmud, Z.H., Neogi, S.B., Kassu, A., Wada, T., Islam, A.S., Balakrish Nair, G. & Ota, F. 2007. Seaweeds as a reservoir for diverse *Vibrio parahaemolyticus* populations in Japan. *International Journal of Food Microbiology*, 118(1): 92–96. https://doi.org/10.1016/j.ijfoodmicro.2007.05.009.

Mahmud, Z.H., Neogi, S.B., Kassu, A., Huong, B.T.M., Jahid, I.K., Islam, M.S. & Ota, F. 2008. Occurrence, seasonality and genetic diversity of *Vibrio vulnificus* in coastal seaweeds and water along the Kii Channel, Japan. *FEMS Microbiology Ecology*, 64(2): 209–218. https://doi.org/10.1111/j.1574-6941.2008.00460.x.

Makkar, H.P.S., Tran, G., Heuzé, V., Giger-Reverdin, S., Lessire, M., Lebas, F. & Ankers, P. 2016. Seaweeds for livestock diets: A review. *Animal Feed Science and Technology*, 212: 1–17. https://doi.org/10.1016/j.anifeedsci.2015.09.018.

Martin-León, V., Paz, S., D'Eufemia, P.A., Plasencia, J.J., Sagratini, G., Marcantoni, G., Navarro-Romero, M., Gutiérrez, Á., Hardisson, A. & Rubio-Armendáriz, C. 2021. Human exposure to toxic metals (Cd, Pb, Hg) and nitrates (NO_3^-) from seaweed consumption. *Applied Sciences*, 11: 6934. https://doi.org/10.3390/app11156934.

McSheehy, S., Szpunar, J., Morabito, R. & Quevauviller, P. 2003. The speciation of arsenic in biological tissues and the certification of reference materials for quality control. *TrAC Trends in Analytical Chemistry*, 22(4): 191–209.

Meng, K.C., Oremus, K.L. & Gaines, S.D. 2016. New England cod collapse and the climate. *PLoS One*, 11(7): e0158487. https://doi.org/10.1371/journal.pone.0158487.

Molazadeh, M., Ahmadzadeh, H., Pourianfar, H.R., Lyon, S. & Rampelotto, P.H. 2019. The use of microalgae for coupling wastewater treatment with CO_2 biofixation. *Frontiers in Bioengineering and Biotechnology*, 7: 42. doi: 10.3389/fbioe.2019.00042.

Monti, M., Minocci, M., Beran, A. & Iveša, L. 2007. First record of *Ostreopsis* cfr. *ovata* on macroalgae in the northern Adriatic Sea. *Marine Pollution Bulletin*, 54(5), 598–601.

Moo-Puc, R., Robledo, D. & Freile-Pelegrin, Y. 2008. Evaluation of selected tropical seaweeds for in vitro anti-trichomonal activity. *Journal of Ethnopharmacology*, 120(1): 92–97. doi: 10.1016/j.jep.2008.07.035.

Morais, T., Inácia, A., Coutinho, T., Ministro, M., Cotas, J., Pereira, L. & Bahcevandziev, K. 2020. Seaweed potential in the animal feed: a review. *Journal of Marine Science and Engineering*, 8: 559: doi: 10.3390/jmse8080559.

Morrison, L., Baumann, H.A. & Stengel, D.B. 2008. An assessment of metal contamination along the Irish coast using the seaweed *Ascophyllum nodosum* (Fucales, Phaeophyceae). *Environmental Pollution*, 152: 293–303. doi:10.1016/j.envpol.2007.06.052.

Nichols, C., Ching-Lee, M., Daquip, C.-L., Elm, J., Kamagai, W., Low, E., Murakawa, S., O'Brien, P., O'Connor, N., Ornellas, D., Oshiro, P., Voung, A., Whelen, A.C. & Park, S. Y. 2017. *Outbreak of salmonellosis associated with seaweed from a local aquaculture farm—*

Oahu, 2016. Paper presented at the CSTE. Boise, ID. https://cste.confex.com/cste/2017/webprogram/Paper8115.html.

Nitschke, U. & Stengel, D. B. 2015. A new HPLC method for the detection of iodine applied to natural samples of edible seaweeds and commercial seaweed food products. *Food Chemistry*, 172: 326 – 334. https://doi.org/10.1016/j.foodchem.2014.09.030.

Nitschke, U. & Stengel, D. B. 2016. Quantification of iodine loss in edible Irish seaweeds during processing. *Journal of Applied Phycology*, 28(6): 3527–3533. https://doi.org/10.1007/s10811-016-0868-6.

Ott, H. 2018. Climate change eroding women's status in Zanzibar. In: *Pulitzer Center.* Washington, DC, Pulitzer Center. Cited 10 November 2021. https://pulitzercenter.org/stories/climate-change-eroding-womens-status-zanzibar.

Park, J.H., Jeong, H.S., Lee, J.S., Lee, S.W., Choi, Y.H., Choi, S.J., Joo, I.S. *et al.* 2015. First norovirus outbreaks associated with consumption of green seaweed (*Enteromorpha* spp.) in South Korea. *Epidemiology and Infection*, 143(3): 515–521. https://doi.org/10.1017/S0950268814001332.

Pinsky, M.L., Fenichel, E., Fogarty, M., Levin, S., McCay, B., St. Martin, K., Selden, R.L. *et al.* 2021. Fish and fisheries in hot water: What is happening and how do we adapt? *Population Ecology*, 63(1): 17–26. https://doi.org/10.1002/1438-390X.12050.

Polikovsky, M., Fernand, F., Sack, M., Frey, W., Müller, G. & Golberg, A. 2019. In silico food allergenic risk evaluation of proteins extracted from macroalgae *Ulva* sp. with pulsed electric field. *Food Chemistry*, 276: 735–744. https://doi.org/10.1016/j.foodchem.2018.09.134.

Roleda, M. Y., Skjermo, J., Marfaing, H., Jónsdóttir, R., Rebours, C., Gietl, A., Stengel, D.B. & Nitschke, U. 2018. Iodine content in bulk biomass of wild-harvested and cultivated edible seaweeds: Inherent variations determine species-specific daily allowable consumption. *Food Chemistry*, 254: 333– 339. https://doi.org/10.1016/j.foodchem.2018.02.024.

Roque, B.M., Brooke, C.G., Ladau, J., Polley, T., Marsh, L., Najafi, N., Pandey, P. *et al.* 2019. Effect of the macroalgae *Asparagopsis taxiformis* on methane production and the rumen microbiome assemblage. *Animal Microbiome,* 1(3). https://doi.org/10.1186/s42523-019-0004-4.

Roque, B.M., Venegas, M., Kinley, R.D., de Nys, R., Duarte, T.L., Yang, X. & Kebreab, E. 2021. Red seaweed (*Asparagopsis taxiformis*) supplementation reduces enteric methane by over 80 percent in beef teers. *PLoS One*, 16(3): e0247820. https://doi.org/10.1371/journal.pone.0247820.

Rose, M., Lewis, J., Langford, N., Baxter, M., Origgi, S., Barber, M., MacBain, H. & Thomas, K. 2007, Arsenic in seaweed—forms, concentrations and dietary exposure. *Food and Chemical Toxicology*, 45: 1263–1267.

Roy-Lachapelle, A., Solliec, M., Bouchard, M.F. & Sauvé, S. 2017. Detection of cyanotoxins in algae dietary supplements. *Toxins*, 9: 76. doi:10.3390/toxins9030076.

Sartal, C., Alonso, M. & Barrera, P. 2014. Arsenic in seaweed: presence, bioavailability and speciation. In: *Seafood Science: Advances in Chemistry Technology and Applications*, pp. 276–

351. Boca Raton, FL, USA, CRC Press, Taylor and Francis Group.

Seghetta, M., Tørring, D., Bruhn, A. & Thomsen, M. 2016. Bioextraction potential of seaweed in Denmark—An instrument for circular nutrient management. *Science of the Total Environment*, 563: 513–529.

Squadrone, S., Brizio, P., Battuello, M., Nurra, N., Sartor, R.M., Riva, A., Staiti, M. *et al.* 2018. Trace metal occurrence in Mediterranean seaweeds. *Environmental Science and Pollution Research*, 25(10): 9708–9721. https://doi.org/10.1007/s11356-018-1280-3.

Testai, E., Buratti, F.M., Funari, E., Manganelli, M., Vichi, S., Arnich, N., Biré, R. *et al.* 2016. Review and analysis of occurrence, exposure and toxicity of cyanobacteria toxins in food. *EFSA Supporting Publications*, 13(2). https://doi.org/10.2903/sp.efsa.2016.EN-998.

Thomas, I., Siew, L.Q.C., Watts, T.J. & Haque, R. 2018. Seaweed allergy. *The Journal of Allergy and Clinical Immunology*, 7(2): 714–715. doi: 10.1016/j.jaip.2018.11.009.

Vijayaraghavan, K. & Joshi, U. 2015. Application of seaweed as substrate additive in green roofs: enhancement of water retention and sorption capacity. *Landscape and Urban Planning*, 143: 25 – 32.

Wan, A.H.L., Davies, S.J., Soler-Vila, A., Fitzgerald, R. & Johnson, M.P. 2019. Macroalgae as a sustainable aquafeed ingredient. *Reviews in Aquaculture,* 11: 458–492. doi: 10.1111/raq.12241.

Whitworth, J. 2019. Norway norovirus outbreaks linked to seaweed salad from China. In: *Food Safety News*. Cited 28 October 2021. https://www.foodsafetynews.com/2019/09/norway-norovirus-outbreaks-linked-to-seaweed-salad-from-china/.

Winckelmann, D., Bleeke, F., Thomas, B., Elle, C. & Klöck, G. 2015. Open pond cultures of indigenous algae grown on non-arable land in an arid desert using wastewater. *International Aquatic Research*, 7: 221–233. https://doi.org/10.1007/s40071-015-0107-9.

Wells, M., Potin, P., Craigie, J., Raven, J., Merchant, S., Helliwell, K., Smith, A., Camire, M. & Brawley, S. 2017. Algae as nutritional and functional food sources: revisiting our understanding. *Journal of Applied Phycology*, 29: 949–982.

Xu, D., Brennan, G., Xu, L., Zhang, X.W., Fan, X., Han, W.T., Mock, T., McMinn, A., Hutchins, D.A. & Ye, N. 2019. Ocean acidification increases iodine accumulation in kelp-based coastal food webs. *Global Change Biology*, 25: 629–639. doi: 10.1111/gcb.14467.

Yun, E.J., Yu, S., Kim, Y.-A., Liu, J.-J., Kang, N.J., Jin, Y.-S. & Kim, K.H. 2021. In vitro prebiotic and anti-colon cancer activities of agar-derived sugars from red seaweeds. *Marine Drugs*, 19: 213. https://doi.org/10.3390/md19040213.

4.5 细胞基食品

Agmas, B. & Adugna, M. 2018. Antimicrobial residue occurrence and its public health risk of beef meat in Debre Tabor and Bahir Dar, Northwest Ethiopia. *Veterinary World*, 11(7): 902–908. https://dx.doi.org/10.14202%2Fvetworld.2018.902-908.

Allan, S.J., Ellis, M.J. & De Bank, P.A. 2021. Decellularized grass as a sustainable scaffold for skeletal muscle tissue engineering. *Journal of Biomedical Materials Research*, 109(12): 2471–2482. doi: 10.1002/jbm.a.37241.

Alvaro, C. 2019. Lab-Grown Meat and Veganism: A Virtue-Oriented Perspective. *Journal of Agricultural and Environmental Ethics*, 32(1): 127–141. https://doi.org/10.1007/s10806-019-09759-2.

Andreassen, R., Pedersen, M., Kristoffersen, K. & Beate Rønning, S. 2020. Screening of by-products from the food industry as growth promoting agents in serum-free media for skeletal muscle cell culture. *Food & Function*, 11(3): 2477–2488.

Bhat, Z.F., Kumar, S. & Fayaz, H. 2015. In vitro meat production: Challenges and benefits over conventional meat production. *Journal of Integrative Agriculture*, 14(2): 241–248. https://doi.org/10.1016/S2095-3119(14)60887-X.

Bryant, C.J. & Barnett, J.C. 2019. What's in a name? Consumer perceptions of in vitro meat under different names. *Appetite*. 137: 104–113. doi:10.1016/j.appet.2019.02.021.

Bryant, C.J., Anderson, J.E., Asher, K.E., Green, C. & Gasteratos, K. 2019. Strategies for overcoming aversion to unnaturalness: The case of clean meat. *Meat Science*, 154: 37–45. https://doi.org/10.1016/j.meatsci.2019.04.004.

Byrne, B. 2021. State of the industry report: Cultured Meat. In: *The Good Food Institute*. Washington, DC. Cited 10 November 2021. https://gfi.org/resource/cultivated-meat-eggs-and-dairy-state-of-the-industry-report/.

Campuzano, S., Mogilever, N.B. & Pelling, A.E. 2020. Decellularized Plant-Based Scaffolds for Guided Alignment of Myoblast Cells. *bioRXiv* (pre-print). https://doi.org/10.1101/2020.02.23.958686.

Choudhury, D., Tseng, T. & Swartz, E. 2020. The Business of Cultured Meat. *Trends in Biotechnology*, 38(6):573-577. https://doi.org/10.1016/j.tibtech.2020.02.012.

Chriki, S. & Hocquette, J.-F. 2020. The Myth of Cultured Meat: A Review. *Frontiers in Nutrition*, 7: 7. https://doi.org/10.3389/fnut.2020.00007.

Churchill, W. 1932. Fifty Years Hence. *Popular Mechanics Magazine* 57(3). Chicago, Illinois. Popular Mechanics Company.

Corbyn, Z. 2020. The Observer: Out of the lab and into your frying pan: the advance of cultured meat. *The Guardian*. Cited 12 November 2021. https://www.theguardian.com/food/2020/jan/19/cultured-meat-on-its-way-to-a-table-near-you-cultivated-cells-farming-society-ethics.

Elliott, G., Wang, S. & Fuller, B. 2017. Cryoprotectants: A review of the actions and applications of cryoprotective solutes that modulate cell recovery from ultra-low temperatures. *Cryobiology*, 76: 74–91. https://doi.org/10.1016/j.cryobiol.2017.04.004.

FAO. 2018. *World Livestock: Transforming the livestock sector through the Sustainable Development Goals.* Rome. https://www.fao.org/3/ca1201en/ca1201en.pdf.

FAO. 2020. *Five practical actions towards resilient, low-carbon livestock systems.* Rome. https://www.fao.org/3/cb2007en/CB2007EN.pdf.

FAO. 2021a. Food safety and quality: Chemical risks and JECFA. In: *FAO*. Rome. Cited 15 November 2021. https://www.fao.org/food/food-safety-quality/scientific-advice/jecfa/en/.

FAO. 2021b. Food safety and quality: Microbiological risks and JEMRA. In: *FAO*. Rome. Cited

15 November 2021. https://www.fao.org/food/food-safety-quality/scientific-advice/jemra/en/.

FAO & WHO. 2008. *Guideline for the Conduct of Food Safety Assessment of Foods Derived from Recombinant-DNA Animals*. Rome, FAO. https://www.fao.org/fao-who-codexalimentarius/sh-proxy/en/?lnk=1&url=https%253A%252F%252Fworkspace.fao.org%252Fsites%252Fcodex%252FStandards%252FCXG%2B68-2008%252FCXG_068e.pdf.

FAO & WHO. 2009. *Foods derived from modern biotechnology*. Rome, FAO. https://www.fao.org/3/a1554e/a1554e00.pdf.

FAO & WHO. 2011. *Principles for the Risk Analysis of Foods Derived from Modern Biotechnology*. Rome, FAO. https://www.fao.org/fao-who-codexalimentarius/sh-proxy/en/?lnk=1&url=https%253A%252F%252Fworkspace.fao.org%252Fsites%252Fcodex%252FStandards%252FCXG%2B44-2003%252FCXG_044e.pdf.

FAO & WHO. 2016. *Risk communication applied to food safety handbook*. Rome, FAO. https://www.fao.org/3/i5863e/i5863e.pdf.

Hadi, J. & Brightwell, G. 2021. Safety of Alternative Proteins: Technological, Environmental and Regulatory Aspects of Cultured Meat, Plant-Based Meat, Insect Protein and Single-Cell Protein. *Foods*, 10(6): 1226. https://doi.org/10.3390/foods10061226.

Hallman, W. K. & Hallman, W. K., II. 2020. An empirical assessment of common or usual names to label cell-based seafood products. *Journal of Food Science*, 85(8): 2267–2277. dx.doi.org/10.1111/1750-3841.15351.

Hamdan, M.N., Post, M.J., Ramli, M.A. & Mustafa, A.R. 2018. Cultured Meat in Islamic Perspective. *Journal of Religion and Health*, 57(6): 2193–2206. https://doi.org/10.1007/s10943-017-0403-3.

Henchion, M., Moloney, A.P., Hyland, J., Zimmermann, J. & McCarthy, S. 2021. Review: Trends for meat, milk and egg consumption for the next decades and the role played by livestock systems in the global production of proteins. *Animal*, 15: 100287. https://doi.org/10.1016/j.animal.2021.100287.

Jha, A. 2013. First lab-grown hamburger gets full marks for "mouth feel" . *The Guardian*. Cited 12 November 2021. https://www.theguardian.com/science/2013/aug/05/world-first-synthetic-hamburger-mouth-feel.

Kadim, I.T., Mahgoub, O., Baqir, S., Faye, B. & Purchas, R. 2015. Cultured meat from muscle stem cells: A review of challenges and prospects. J*ournal of Integrative Agriculture*, 14(2): 222–233. https://doi.org/10.1016/S2095-3119(14)60881-9.

Krautwirth, R. 2018. Will Lab-Grown Meat Find Its Way to Your Table? T*he Yeshiva University Observe*r, 10 May 2018. New York, NY, USA. Citation 12 November 2021. https://yuobserver.org/2018/05/will-lab-grown-meat-find-way-table/.

Kupferschmidt, K. 2013. Lab Burger Adds Sizzle to Bid for Research Funds. S*cience*, 341(6146): 602–603. doi: 10.1126/science.341.6146.602.

Lynch, J. & Pierrehumbert, R. 2019. Climate Impacts of Cultured Meat and Beef Cattle. *Frontiers in Sustainable Food Systems*, 3: 5. https://doi.org/10.3389/fsufs.2019.00005.

MacDonald, G. A. & Lanier, T. C. 1997. Cryoprotectants for improving frozen-food quality. In M. C. Erickson & Y.-C. Hung, eds. *Quality in Frozen Food*, pp. 197–232. Boston, MA, Springer US. https://doi.org/10.1007/978-1-4615-5975-7_11.

MacQueen, L.A., Alver, C.G., Chantre, C.O., Ahn, S., Cera, L., Gonzalez, G.M., O'Connor, B.B. *et al.* 2019. Muscle tissue engineering in fibrous gelatin: implications for meat analogs. *npj Science of Food*, 3(1): 20. https://doi.org/10.1038/s41538-019-0054-8.

Masters, J. & Stacey, G. 2007. Changing medium and passaging cell lines. *Nature Protocols*, 2(9): 2276–2284. https://doi.org/10.1038/nprot.2007.319.

Mattick, C.S. 2018. Cellular agriculture: The coming revolution in food production. *Bulletin of the Atomic Scientists*, 74(1): 32–35. https://doi.org/10.1080/00963402.2017.1413059.

Mattick, C.S., Landis, A.E. & Allenby, B.R. 2015. A case for systemic environmental analysis of cultured meat. *Journal of Integrative Agriculture*, 14(2): 249–254. doi: 10.1016/S2095-3119(14)60885-6.

Nucci, M.L. & Hallman, W.K. 2015. The role of public (mis)perceptions in the acceptance of new food technologies: Implications for food nanotechnology applications. In: D. Wright, eds. Communication *Practices in Engineering, Manufacturing, and Research for Food, Drug, and Water Safety*, pp. 89–118. Hoboken, NJ, Wiley-IEEE Press. ISBN: 978-1-118-27427-9.

OECD & FAO. 2021. OECD-FAO Agricultural Outlook 2021-2030. OECD Publishing. Paris. https://doi.org/10.1787/19428846-en.

OIE. 2021. Terrestrial Animal Health Code – Glossary. In: OIE. Cited 12 November 2021. https://www.oie.int/fileadmin/Home/eng/Health_standards/tahc/2018/en_glossaire.htm.

Ong, K.J., Johnston, J. Datar, I., Sewalt, V. Holmes, D. & Shatkin, J.A. 2021. Food safety considerations and research priorities for the cultured meat and seafood industry. *Comprehensive Reviews in Food Science and Food Safety*, 20(6): 5421–5448. https://doi.org/10.1111/1541-4337.12853.

Ong, S., Choudhury, D. & Naing, M. W. 2020. Cell-based meat: Current ambiguities with nomenclature. T*rends in Food Science and Technology*, 102: 223–231. doi: 10.1016/j.tifs.2020.02.010.

Post, M.J. 2012. Cultured meat from stem cells: challenges and prospects. *Meat Sci.*, 92: 297–301. doi: 10.1016/j.meatsci.2012.04.008.

Post, M.J. 2014. Cultured beef: medical technology to produce food. *Journal of the Science of Food and Agriculture,* 94(6): 1039–1041. doi: 10.1002/jsfa.6474.

Post, M., Levenberg, S., Kaplan, D., Genovese, N., Fu, J., Bryant, C., Negowetti, N., Verzijden, K. & Moutsatsou, P. 2020. Scientific, sustainability and regulatory challenges of cultured meat. *Nature Food*, 1(7): 403–415.

Risner, D., Li, F., Fell, J., Pace, S., Siegel, J., Tagkopoulos, I. & Spang, E. 2020. Preliminary Techno-Economic Assessment of Animal Cell-Based Meat. *Foods*, 10(1): 3. https://doi.org/10.3390/foods10010003.

Rischer, H., Szilvay, G.R., Oksman-Caldentey, K.M. 2020. Cellular agriculture—industrial biotechnology for food and materials. *Current Opinion in Biotechnology*, 61: 128–134. https://doi.org/10.1016/j.copbio.2019.12.003.

Savini, M., Cecchini, C., Verdenelli, M. C., Silvi, S., Orpianesi, C. & Cresci, A. 2010. Pilot-scale production and viability analysis of freeze-dried probiotic bacteria using different protective agents. *Nutrients*, 2(3): 330–339. https://doi.org/10.3390/nu2030330.

Schaefer, G.O. & Savulescu, J. 2014. The Ethics of Producing *In Vitro* Meat. *Journal of Applied Philosophy*, 31(2): 188–202. https://doi.org/10.1111/japp.12056.

Shapiro, P. 2018. Clean meat: how growing meat without animals will revolutionize dinner and the world. *Science*, 359(6374): 399. doi: 10.1126/science.aas8716.

Smetana, S., Mathys, A., Knoch, A. & Heinz, V. 2015. Meat alternatives: life cycle assessment of most known meat substitutes. *The International Journal of Life Cycle Assessment*, 20(9): 1254–1267. https://doi.org/10.1007/s11367-015-0931-6.

Specht, E., Welch, D., Rees Clayton, E. & Lagally, C. 2018. Opportunities for applying biomedical production and manufacturing methods to the development of the clean meat industry. *Biochemical Engineering Journal*, 132: 161–168.

Stephens, N., Di Silvio, L., Dunsford, I., Ellis, M., Glencross, A. & Sexton, A. 2018. Bringing cultured meat to market: Technical, socio-political, and regulatory challenges in cellular agriculture. *Trends in Food Science & Technology*, (78): 155–166. https://doi.org/10.1016/j.tifs.2018.04.010.

Swartz, E. 2021. *Anticipatory life cycle assessment and techno-economic assessment of commercial cultivated meat production*. Washington, DC, The Good Food Institute. https://gfi.org/wp-content/uploads/2021/03/cultured-meat-LCA-TEA-policy.pdf.

Takahashi, K. & Yamanaka, S. 2006. Induction of Pluripotent Stem Cells from Mouse Embryonic and Adult Fibroblast Cultures by Defined Factors. *Cell,* 126(4): 663–676.

Treich, N. 2021. Cultured Meat: Promises and Challenges. *Environmental and Resource Economics*, 79(1): 33–61.

5 对城市空间内农业的食品安全思考

Ackerman, K., Dahlgren, E. & Xu, X. 2013. *Sustainable Urban Agriculture: Confirming Viable Scenarios for Production. Final report.* Prepared for the New York State Energy Research and Development Authority. https://www.nyserda.ny.gov/-/media/Files/Publications/Research/Environmental/Sustainable-Urban-Agriculture.pdf.

Adegoke, A.A., Amoah, I.D., Stenström, T.A., Verbyla, M.E. & Mihelcic, J.R. Epidemiological evidence and health risks associated with agricultural reuse of partially treated and untreated wastewater: A review. *Frontiers in Public Health*, 6: 337. doi: 10.3389/fpubh.2018.00337.

Agrawal, M., Singh, B., Rajput, M., Marshall, F. & Bell, J.N.B. 2003. Effect of air pollution on peri-urban agriculture: a case study. *Environmental Pollution*, 126: 323–329. doi: 10.1016/S0269-7491(03)00245-8.

Al-Kodmany, K. 2018. The vertical farm: A review of developments and implications for the vertical city. *Buildings*, 8: 24. doi: 10.3390/buildings8020024.

Alarcon, P., Févre, E.M., Muinde, P., Murungi, M.K., Kiambi, S., Akoko, J. & Rushton, J. 2017. Urban livestock keeping in the city of Nairobi: Diversity of production systems, supply chains, and their disease management and risks. *Frontiers in Veterinary Science,* 4: 171. doi: 10.3389/fvets.2017.00171.

Alexander, J., Hembach, N. & Schwartz, T. 2020. Evaluation of antibiotic resistance dissemination by wastewater treatment plant effluents with different catchment areas in Germany. *Scientific Reports*, 10: 8952. https://doi.org/10.1038/s41598-020-65635-4.

Andino, V., Forero, O. y Quezada, M.L. 2021. *Informe de síntesis dinámica y planificación del sistema agroalimentario en la ciudad-región Quito*. Roma, FAO y Fundación RUAF.

Antisari, L.V., Orsini, F., Marchetti, L., Vianello, G. & Gianquinto, G. 2015. Heavy metal accumulation in vegetables grown in urban gardens. *Agronomy for Sustainable Development*, 35: 1139 – 1147. doi: 10.1007/s13593-015-0308-z.

Antwi-Agyei, P., Peasey, A., Biran, A., Bruce, J. & Ensink, J. 2016. Risk perceptions of wastewater use for urban agriculture in Accra, Ghana. *PLoS One*, 11(3): e0150603. doi: 10.1371/journal.pone.0150603.

Ashraf, E., Shah, F., Luqman, M., Samiullah, Younis, M., Aziz, I. & Farooq, U. 2013. Use of untreated wastewater for vegetable farming: A threat to food safety. *International Journal of Agricultural and Applied Sciences*, 5(1): 27–33.

Augustsson, A.L.M., Uddh-Söderberg, T.E., Hogmalm, K.J. & Filipsson, M.E.M. 2015. Metal uptake by homegrown vegetables—The relative importance in human health risk assessments at contaminated sites. *Environmental Research*, 138: 181–190. http://dx.doi.org/10.1016/j.envres.2015.01.020.

Beyer, S. 2019. Modular micro farms: A new approach to urban food production? In: *Forbes.* Cited 21 September 2021. https://www.forbes.com/sites/scottbeyer/2019/11/25/modular-micro-farms-a-new-approach-to-urban-food-production/?sh=55bb911f2e9e.

Brown, S.L., Chaney, R.L. & Hettiarachchi, G.M. 2016. Lead in urban soils: A real or perceived concern for urban agriculture. *Journal of Environmental Quality*, 45: 26–36. doi: 10.2134/jeq2015.07.0376.

CDC. 2021. Salmonella. Investigation details. In: *Center for Disease Controls and Prevention.* Atlanta, Georgia, USA. Cited 19 November 2021. https://www.cdc.gov/salmonella/backyardpoultry-05-21/details.html.

Clancy, K. 2016. Digging deeper: Bringing a Systems Approach to Food Systems: Issues of scale. *Journal of Agriculture, Food Systems, and Community Development*, 3(1): 21–23. http://dx.doi.org/10.5304/jafscd.2012.031.017.

Corbould, C. 2013. *Feeding the cities: Is urban agriculture the future of food security?* Strategic Analysis Paper. Dalkeith WA, Australia, Future Directions International Pty Ltd. https://apo.org.au/sites/default/files/resource-files/2013-11/apo-nid36213.pdf.

Costello, C., Oveysi, Z., Dundar, B. & McGarvey, R. 2021. Assessment of the effect of urban agriculture on achieving a localized food system centered on Chicago, IL using robust optimization. *Environmental Science & Technology*, 55: 2684–2694. https://dx.doi.org/10.1021/acs.est.0c04118.

Defoe, P.P., Hettiarachchi, G.M., Benedict, C. & Martin, S. 2014. Safety of gardening on lead- and arsenic-contaminated urban brownfields. *Journal of Environmental Quality*, 43: 2064–2078. doi:10.2134/jeq2014.03.0099.

Dekissa, T., Trobman, H., Zendehdel, K. & Azam, H. 2021. Integrating urban agriculture and stormwater management in a circular economy to enhance ecosystem services: Connecting the dots. *Sustainability*, 13: 8293. https://doi.org/10.3390/su13158293.

Despommier, D. 2010. The vertical farm: controlled environment agriculture carried out in tall buildings would create greater food safety and security for large urban populations. *Journal of Consumer Protection and Food Safety*, 6: 233–236. doi: 10.1007/s00003-010-0654-3.

Domingo, N.G.G., Balasubramanian, S., Thakrar, S.K., Clark, M.A., Adams, P.J., Marshall, J.D., Muller, N.Z. *et al.* 2021. Air quality–related health damages of food. *Proceedings of the National Academy of Sciences*, 118(20): e2013637118. https://doi.org/10.1073/pnas.2013637118.

EFSA. 2008. Nitrate in vegetables - Scientific Opinion of the Panel on Contaminants in the Food chain. *EFSA Journal*, 689: 1–79. https://doi.org/10.2903/j.efsa.2008.689.

Ellen MacArthur Foundation. 2019. *Cities and circular economy for food.* In: *Ellen MacArthur Foundation*. Isle of Wight, UK. Cited 18 September 2021. https://ellenmacarthurfoundation.org/cities-and-circular-economy-for-food.

Evangeliou, N., Grythe, H., Klimont, Z., Heyes, C., Eckhardt, S., Lopez-Aparicio, S. & Stohl, A. 2020. Atmospheric transport is a major pathway of microplastics to remote regions. *Nature Communications*, 11(1): 3381. https://doi.org/10.1038/s41467-020-17201-9.

Fakour, H., Lo, S.-L., Yoashi, N.T., Massao, A.M., Lema, N.N., Mkhontfo, F.B., Jomalema, P.C. *et al.* 2021. Quantification and Analysis of Microplastics in Farmland Soils: Characterization, Sources, and Pathways. *Agriculture*, 11(4): 330. https://doi.org/10.3390/agriculture11040330.

FAO. 1996. *The State of Food and Agriculture.* Rome. https://www.fao.org/3/w1358e/w1358e00.htm#TopOfPage.

FAO. 2001. *Livestock keeping in urban areas. A review of traditional technologies based on literature and field experience.* FAO Animal Production and Health Papers No. 151. Rome. https://www.fao.org/3/y0500e/y0500e00.htm#toc.

FAO. 2007. *Profitability and sustainability of urban and peri-urban agriculture.* Agricultural Management, Marketing and Finance Occasional Paper No. 19. Rome. https://ruaf.org/assets/2019/11/Profitability-and-Sustainability.pdf.

FAO. 2012. *Pro-poor legal and institutional frameworks for urban and peri-urban agriculture.* FAO Legislative Study No. 108. Rome. https://www.fao.org/3/i3021e/i3021e.pdf.

FAO. 2014. *Growing greener cities in Latin America and the Caribbean.* An FAO report on urban and peri-urban agriculture in the region. Rome. https://www.fao.org/3/i3696e/i3696e.pdf.

FAO. 2019a. *FAO framework for Urban Food Agenda. Leveraging sub-nationals and local government action to ensure sustainable food systems and improved nutrition.* Rome. https://www.fao.org/publications/card/en/c/CA3151EN/.

FAO. 2019b. *On-farm practices for the safe use of wastewater in urban and peri-urban horticulture – a training handbook for Farmer Field Schools in sub-Saharan Africa, Second edition*. Rome. https://www.fao.org/3/CA1891EN/ca1891en.pdf.

FAO. 2020. *Cities and local governments at the forefront in building inclusive and resilient food systems. Key results from the FAO survey "Urban Food Systems and COVID-19"*. Rome. https://www.fao.org/3/cb0407en/CB0407EN.pdf.

FAO & WHO. 2002. *Evaluation of certain food additives. Fifty-ninth report of the Joint FAO/WHO Expert Committee on Food Additives*. Geneva, World Health Organization. http://whqlibdoc.who.int/trs/WHO_TRS_913.pdf.

FAO & WHO. 2019. *Safety and quality of water used in food production and processing - Meeting report.* Microbiological Risk Assessment Series No. 33. Rome. https://www.fao.org/3/ca6062en/CA6062EN.pdf.

Fewtrell, L. 2004. Drinking-water nitrate, methemoglobininemia, and global burden of disease: A discussion. *Environmental Health Perspectives,* 112(14): 1371–1374. https://doi.org/10.1289/ehp.7216.

Fry, S. 2018. The world's first floating farm making waves in Rotterdam. *BBC News,* 17 August 2018. London. Cited 7 September 2021. https://www.bbc.com/news/business-45130010.

Galeana-Pizaña, J.M., Couturier, S. & Monsivais-Huertero, A. 2018. Assessing food security and environmental protection in Mexico with a GIS-based Food Environmental Efficiency index. *Land Use Policy,* 76: 442–454. https://doi.org/10.1016/j.landusepol.2018.02.022.

Gallagher, C.L., Oettgen, H.L & Barbander, D.J. 2020. Beyond community gardens: A participatory research study evaluating nutrient and lead profiles of urban harvested fruit. *Elementa Science of the Anthropocene*, 8: 1. doi: https://doi.org/10.1525/elementa.2020.004.

Izquierdo, M., De Miguel, E., Ortega, MF. & Mingot, J. 2015. Bioaccessibility of metals and human health risk assessment in community urban gardens. *Chemosphere*, 135: 312–318. http://dx.doi.org/10.1016/j.chemosphere.2015.04.079.

Jay-Russell, M. 2011. Feral in the fields: Food safety risks from wildlife. In: *Food Safety News.* Cited 15 October 2021. https://www.foodsafetynews.com/2011/09/co-management-of-food-safety-risks-from-wildlife-the-environment/.

Jokinen, K., Salovaara, A.-K., Wasonga, D.O., Edelmann, M., Simpura, I. & Mäkelä, P.S.A. 2022. Root-applied glycinebetaine decreases nitrate accumulation and improves quality in hydroponically grown lettuce. *Food Chemistry*, 366: 130558. https://doi.org/10.1016/j.foodchem.2021.130558.

Kaiser, M.L., Williams, M.L., Basta, N., Hand, M. & Huber, S. 2015. When vacant lots become urban gardens: Characterizing the perceived and actual food safety concerns of urban agriculture in Ohio. *Journal of Food Protection*, 78(11): 2070 – 2080. doi:10.4315/0362-028X.JFP-15-181.

Khouryieh, M., Khouryieh, H., Daday, J.K. & Shen, C. 2019. Consumers' perceptions of the safety of fresh produce sold at farmers' markets. *Food Control*, 105: 242–247. https://doi.org/10.1016/j.foodcont.2019.06.003.

Knorr, D., Khoo, C.S.H. & Augustin, M.A. 2018. Food for an urban planet: Challenges and research opportunities. *Frontiers in Nutrition*, 4: 73. doi: 10.3389/fnut.2017.00073.

Larsen, T.A., Hoffmann, S., Lüthi, C., Truffer, B. & Maurer, M. 2016. Emerging solutions to the water challenges of an urbanizing world. *Science*, 352(6288): 928–933. doi: 10.1126/science.aad8641.

Li, J., Yu, H. & Luan, Y. 2015. Meta-analysis of the copper, zinc, and cadmium adsorption capacities of aquatic plants in heavy metal-polluted water. *International Journal of Environmental Research and Public Health*, 12: 14958–14973. doi:10.3390/ijerph121214959.

Lim, X. 2021. Microplastics are everywhere—but are they harmful? *Nature*, 593: 22–25. https://doi.org/10.1038/d41586-021-01143-3.

Love, D.C., Uhl, M.S. & Genello, L. 2015. Energy and water use if a small-scale raft aquaponics system in Baltimore, Maryland, United States. *Aquacultural Engineering*, 68: 19–27. http://dx.doi.org/10.1016/j.aquaeng.2015.07.003.

Malakoff, D., Wigginton, N.S., Fahrenkamp-Uppenbrink, J. & Wible, B. 2016. Use our infographics to explore the rise of the urban planet. *Science*. doi: 10.1126/science.aaf5729.

Marquez-Bravo, L.G., Briggs, D., Shayler, H., McBride, M., Lopp, D., Stone, E., Ferenz, G., Bogdan, K.G., Mitchell, R.G. & Spliethoff, H.M. 2016. Concentrations of polycyclic aromatic hydrocarbons in New York City community garden soils: Potential sources and influential factors. *Environmental Toxicology and Chemistry*, 35(2): 357–367. doi: 10.1002/etc.3215.

Martin, M. & Molin, E. 2019. Environmental assessment of an urban vertical hydroponic farming system in Sweden. *Sustainability*, 11: 4124. doi:10.3390/su11154124.

McBride, M.B., Shayler, H.A., Spliethoff, H.M., Mitchell, R.G., Marquez-Bravo, L.G., Ferenz, G.S., Russell-Anelli, J.M. *et al.* 2014. Concentrations of lead, cadmium and barium in urban garden-grown vegetables: The impact of soil variables. *Environmental Pollution*, 194: 254–261. https://doi.org/10.1016/j.envpol.2014.07.036.

Meftaul, I.M., Venkatewarlu, K., Dharmarajan, R., Annamalai, P. & Meghraj, M. 2020. Pesticides in the urban environment: A potential threat that knocks at the door. *Science of the Total Environment*, 711: 134612. https://doi.org/10.1016/j.scitotenv.2019.134612.

Meineke, E.K., Dunn, R.R., Sexton, J.O. & Frank, S.D. 2013. Urban warming drives insect pest abundance on street trees. *PLoS One*, 8(3): e59687. doi:10.1371/journal.pone.0059687.

Merino, M.V., Gajjar, S.P., Subedi, A., Polgar, A. & Van Den Hoof, C. 2021. Resilient governance regimes that support urban agriculture in sub-Saharan cities: Learning from local challenges. *Frontiers in Sustainable Food Systems*, 5: 692167. doi: 10.3389/fsufs.2021.692167.

Miner, R.C. & Raftery, S.R. 2012. Turning brownfields into "green fields" growing food using marginal lands. *Environmental Impact,* 162: 413–419. doi: 10.2495/EID120361.

Mok, H.-F., Williamson, V.G., Grove, J.R., Burry, K, Barker, S.F. & Hamilton, A.J. 2014.

Strawberry fields forever? Urban agriculture in developed countries: a review. *Agronomy for Sustainable Development*, 34: 21–43. doi: 10.1007/s13593-013-0156-7.

Muehe, E.M., Wang, T., Kerl, C.F., Planer-Friedrich, B. & Fendorf, S. 2019. Rice production threatened by coupled stresses of climate and soil arsenic. *Nature Communications,* 10(1): 4985. https://doi.org/10.1038/s41467-019-12946-4.

Mukherjee, M., Laird, E., Gentry, T.J., Brooks, J.P. & Karthikeyan, R. 2021. Increased antimicrobial and multidrug resistance downstream of wastewater treatment plants in an urban watershed. *Frontiers in Microbiology*, 12: 657353. doi: 10.3389/fmicb.2021.657353.

Nabulo, G., Black, C.R., Craigon, J. & Young, S.D. 2012. Does consumption of leafy vegetables grown in peri-urban agriculture pose a risk to human health? *Environmental Pollution*, 162: 389–398. doi:10.1016/j.envpol.2011.11.040.

News Desk. 2021. Patient count climbs in outbreak traced to backyard chicken. In: *Food Safety News*. Cited 19 September 2021. https://www.foodsafetynews.com/2021/09/patient-count-climbs-in-outbreak-traced-to-backyard-chickens/?utm_source=Food+Safety+News&utm_campaign=099a3c1ace-RSS_EMAIL_CAMPAIGN&utm_medium=email&utm_term=0_f46cc10150-099a3c1ace-40295383.

Noh, K., Thi, L.T. & Jeong, B.R. 2019. Particulate matter in the cultivation area may contaminate leafy vegetables with heavy metals above safe levels in Korea. *Environmental Science and Pollution Research*, 26: 25762–25774. https://doi.org/10.1007/s11356-019-05825-4.

Norton, G., Deacon, C., Mestrot, A., Feldmann, J., Jenkins, P., Baskaran, C. & Meharg, A.M. 2013. Arsenic speciation and localization in horticultural produce grown in a historically impacted mining region. *Environmental Science & Technology*, 47: 6164–6172. https://doi.org/10.1021/es400720r.

Ortolo, M. 2017. *Air pollution risk assessment on urban agriculture*. Wageningen, The Netherlands, Wageningen University & Research. Master's Thesis.

Paltiel, O., Fedorova, G., Tadmor, G., Kleinstern, G., Maor, Y. & Chefetz, B. 2016. Human exposure to wastewater-derived pharmaceuticals in fresh produce: a randomized controlled trial focusing on carbamazepine. *Environmental Science & Technology*, 50: 4476–4482. doi: 10.1021/acs.est.5b06256.

Park, W. 2021. Why we still haven't solved global food insecurity. In: *BBC News Follow The Food*. London, BBC News. Cited 21 November 2021. https://www.bbc.com/future/bespoke/follow-the-food/the-race-to-improve-food-security/.

Poulsen, M.N., Hulland, K.R.S., Gulas, C.A., Pham, H., Dalglish, S.L., Wilkinson, R.K. & Winch, P.J. 2014. Growing an Urban Oasis: A Qualitative Study of the Perceived Benefits of Community Gardening in Baltimore, Maryland. *Culture, Agriculture, Food and Environment*, 36(2): 69–82. https://doi.org/10.1111/cuag.12035.

Pruden, A., Pei, R., Storteboom, H. & Carlson, K.H. 2006. Antibiotic resistance genes as emerging contaminants: Studies in northern Colorado. *Environmental Science & Technology*, 40(23): 74457450. doi: 10.1021/es060413.

Qiu, R., Song, Y., Zhang, X., Xie, B. & He, D. 2020. Microplastics in Urban Environments: Sources, Pathways, and Distribution. In: D. He & Y. Luo, eds. *Microplastics in Terrestrial Environments. Emerging Contaminants and Major Challenges*. Switzerland, Springer. https://doi.org/10.1007/698_2020_447.

Quijano, L., Yusà, V., Font, G., McAllister, C., Torres, C. & Pardo, O. 2017. Risk assessment and monitoring programme of nitrates through vegetables in the Region of Valencia (Spain). *Food and Chemical Toxicology,* 100: 42–49. https://doi.org/10.1016/j.fct.2016.12.010.

Ramaswami, A., Russell, A.G., Culligan, P.J., Sharma, K.R. & Kumar, E. 2016. Meta-principles for developing smart, sustainable, and healthy cities. *Science*, 352: 6288.

Rosenzweig, C., W. Solecki, P. Romero-Lankao, S. Mehrotra, S. Dhakal, T. Bowman & S. Ali Ibrahim. 2015. *ARC3.2 Summary for City Leaders—Climate Change and Cities: Second Assessment Report of the Urban Climate Change Research Network*. New York, NY, USA, Columbia University.

Santo, R., Palmer, A. & Kim, B. 2016. *Vacant lots to vibrant plots. A review of the benefits and limitations of urban agriculture*. Baltimore, MD, USA, Johns Hopkins Center for a Liveable Future. https://clf.jhsph.edu/sites/default/files/2019-01/vacant-lots-to-vibrant-plots.pdf.

Sarker, A.H. Bornman, J.F. & Marinova, D. 2019. A framework for integrating agriculture in urban sustainability in Australia. *Urban Science*, 3: 50. doi:10.3390/urbansci3020050.

Säumel, I., Kotsyuk, I., Hölscher, M., Lenkereit, C., Weber, F. & Kowarik, I. 2012. How healthy is urban horticulture in high traffic areas? Trace metal concentrations in vegetable crops from plantings within inner city neighbourhoods in Berlin, Germany. *Environmental Pollution*, 165: 124–132. https://doi.org/10.1016/j.envpol.2012.02.019.

Skar, S.L.G., Pineda-Martos, R., Timpe, A., Pölling, B., Bohn, K., Külvik, M., Delgado, C. *et al.* 2020. Urban agriculture as a keystone contribution towards securing sustainable and healthy development for cities in the future. *Blue-Green Systems*, 2(1): 1–27. https://doi.org/10.2166/bgs.2019.931.

Stark, P.B., Miller, D., Carlson, T.J. & de Vasquez, K.R. 2019. Open-source food: nutrition, toxicology, and availability of wild edible greens in the East Bay. *PLoS One*, 14(1): e0202450. doi.org/10.1371/journal.pone.0202450.

Strawn, L.K., Gröhn, Y.T., Warchocki, S., Worobo, R.W., Bihn, E.A. & Wiedmann, M. 2013. Risk factors associated with *Salmonella* and *Listeria monocytogenes* contamination of produce fields. *Applied and Environmental Microbiology*, 79(24): 7618–7627. doi:10.1128/AEM.02831-13.

Suriyagoda, L.D.B., Dittert, K. & Lambers, H. 2018. Mechanism of arsenic uptake, translocation and plant resistance to accumulate arsenic in rice grains. *Agriculture, Ecosystems and Environment*, 253: 23–37. http://dx.doi.org/10.1016/j.agee.2017.10.017.

Taguchi, M. & Makkar, H. 2015. Issues and options for crop-livestock integration in peri-urban settings. *Agriculture for Development*, 26: 7. https://www.feedipedia.org/node/21258.

Tatum, M. 2021. An eight-story fish farm will bring locally produced food to Singapore.

In: *Smithsonian Magazine*. Washington, DC. Cited 17 August 2021. https://www.smithsonianmag.com/innovation/eight-story-fish-farm-will-bring-locally-produced-food-to-singapore-180976956/.

Tefft, J., Jonasova, M., Zhang, F. & Zhang, Y. *Urban food systems governance—current context and future opportunities*. Rome, FAO and Washington, DC, The World Bank. https://doi.org/10.4060/cb1821en.

The Economist. 2010. Does it really stack up? *The Economist*, 11 December 2010. London. Cited 25 September 2021. https://www.economist.com/technology-quarterly/2010/12/11/does-it-really-stack-up?story_id=17647627.

Thomaier, S., Specht, K., Henckel, D., Dierich, A., Siebert, R., Freisinger, U.B. & Sawicka, M. 2014. Farming in and on urban buildings: Present practice and specific novelties of Zero-Acreage Farming (ZFarming). *Renewable Agriculture and Food Systems,* 30(1): 43–54. doi:10.1017/S1742170514000143.

Tobin, M.R., Goldshear, J.L., Price, L.B., Graham, J.P. & Leibler, J.H. 2015. A framework to reduce infectious disease risk from urban poultry in the United States. *Public Health Reports,* 130(4): 380–391. doi: 10.1177/003335491513000417.

Wang, X., Biswas, S., Paudyal, N., Pan, H., Li, X., Fang, W. & Yue, M. 2019. Antibiotic resistance in Salmonella Typhimurium isolates recovered from the food chain through National Antimicrobial Resistance Monitoring System between 1996 and 2016. *Frontiers in Microbiology*, 10: 985. doi: 10.3389/fmicb.2019.00985.

Wang, Y.-J., Deering, A.J. & Kim, H.-J. 2020. The occurrence of Shiga toxin-producing *E.coli* in aquaponic and hydroponic systems. *Horticulture*, 6:1. doi:10.3390/horticulturae6010001.

Weber, C.L. & Matthews, H.S. 2008. Food-miles and the relative climate impacts of food choices in the United States. *Environmental Science & Technology*, 42: 3508–3513. https://doi.org/10.1021/es702969f.

Wei, J., Guo, X., Marinova, D. & Fan, J. 2014. Industrial SO_2 pollution and agricultural losses in China: evidence from heavy air polluters. *Journal of Cleaner Production*, 64: 404–413. http://dx.doi.org/10.1016/j.jclepro.2013.10.027.

Werkenthin, M., Kluge, B. & Wessolek, G. 2014. Metals in European roadside soils and soil solution—A review. *Environmental Pollution*, 98–110. http://dx.doi.org/10.1016/j.envpol.2014.02.025.

Wielemaker, R., Oenema, O., Zeeman, G. & Weijma, J. 2019. Fertile cities: Nutrient management practices in urban agriculture. *Science of the Total Environment*, 668: 1277–1288. https://doi.org/10.1016/j.scitotenv.2019.02.424.

Wortman, S.E. & Lovell, S.T. 2013. Environmental challenges threatening the growth of urban agriculture in the United States. *Journal of Environmental Quality,* 42(5): 1283–1294. doi:10.2134/jeq2013.01.0031.

Yan, Z.-Z., Chen, Q.-L., Zhang, Y.-J., He, J.-Z. & Hu, H.-W. 2019. Antibiotic resistance in urban green spaces mirrors the pattern of industrial distribution. *Environment International,* 132:

105106. https://doi.org/10.1016/j.envint.2019.105106.

Zammit, I., Marano, R.B.M., Vaiano, V., Cytryn, E. & Rizzo, L. 2020. Changes in antibiotic resistance gene levels in soil after irrigation with treated wastewater: A comparison between heterogenous photocatalysis and chlorination. *Environmental Science & Technology,* 54: 7677–7686. https://dx.doi.org/10.1021/acs.est.0c01565.

Zhao, Y., Cocerva, T., Cox, S., Tardif, S., Su, J.-Q., Zhu, Y.-G. & Brandt, K.K. 2019. Evidence for co-selection of antibiotic genes and mobile genetic elements in metal polluted urban soils. *Science of the Total Environment*, 656: 512–520. https://doi.org/10.1016/j.scitotenv.2018.11.372.

Zhao, F.-J. & Wang, P. 2020. Arsenic and cadmium accumulation in rice and mitigation strategies. *Plant Soil*, 446: 1–21. https://doi.org/10.1007/s11104-019-04374-6.

6 通过塑料回收探索循环经济

Amaral-Zettler, L.A., Zettler, E.R. & Mincer, T.J. 2020. Ecology of the plastisphere. *Nature Reviews Microbiology*, 18: 139–151. https://doi.org/10.1038/s41579-019-0308-0.

Bandyopadhyay, J. & Sinha Ray, S. 2018. Are nanoclay-containing polymer composites safe for food packaging applications? – An overview. *Journal of Applied Polymer Science*, 136(12): 47214. https://doi.org/10.1002/app.47214.

Bilo, F., Pandini, S., Sartore, L., Depero, L.E., Gargiulo, G., Bonassi, A., Federici, S. ***et al.*** 2018. A sustainable bioplastic obtained from rice straw. *Journal of Cleaner Production*, 200: 357–368. https://doi.org/10.1016/j.jclepro.2018.07.252.

Borrelle, S.B., Rochman, C.M., Liboiron, M., Bond, A.L., Lusher, A., Bradshaw, H. & Provencher, J.F. 2017. Opinion: Why we need an international agreement on marine plastic pollution. *Proceedings of the National Academy of Sciences*, 114(38): 9994–9997. https://doi.org/10.1073/pnas.1714450114.

Brahney, J., Mahowald, N., Prank, M., Cornwell, G., Klimont, Z., Matsui, H. & Prather, K.A. 2021. Constraining the atmospheric limb of the plastic cycle. *Proceedings of the National Academy of Science*, 118(6): e2020719118. https://doi.org/10.1073/pnas.2020719118.

Bumbudsanpharoke, N. & Ko, S. 2015. Nano-food packaging: An overview of market, migration research, and safety regulations. *Journal of Food Science*, 80: R910 – R923. https://doi.org/10.1111/1750-3841.12861.

Campanale, C., Massarelli, C., Savino, I., Locaputo, V. & Uricchio, V.F. 2020. A detailed review study on potential effects of microplastics and additives of concern on human health. *International Journal of Environmental Research and Public Health*, 17: 1212. doi:10.3390/ijerph17041212.

CIEL. 2019. Plastic & Climate. The Hidden Costs of a Plastic Planet. In: *Center for International Environmental Law*. Washington, DC and Geneva. www.ciel.org/plasticandclimate.

Chen, Q., Allgeier, A., Yin, D. & Hollert, H. 2019. Leaching of endocrine disrupting chemicals from marine microplastics and mesoplastics under common life stress conditions. *Environment*

International, 130: 104938. https://doi.org/10.1016/j.envint.2019.104938.

Davis, G. & Song, J.H. 2006. Biodegradable packaging based on raw materials from crops and their impact on waste management. *Industrial Crops and Products*, 23: 147–161. doi: 10.1016/j.indcrop.2005.05.004.

Diepens, N.J. & Koelmans, A.A. 2018. Accumulation of plastic debris and associated contaminants in aquatic food webs. *Environmental Science and Technology,* 52: 8510–8520. doi: 10.1021/acs.est.8b02515.

Dris, R., Agarwal, A. & Laforsch, C. 2020. Plastics: From a success story to an environmental problem and a global challenge. *Global Challenges*, 4: 2000026. doi: 10.1002/gch2.202000026.

Drummond, J.D., Schneidewind, U., Li, A., Hoellein, T.J., Krause, S. & Packman, A.I. 2022. Microplastic accumulation in riverbed sediment via hyporheic exchange from headwaters to mainstreams. *Science Advances*, 8(2): eabi9305. doi: 10.1126/sciadv.abi9305.

Edwards, L., McCray, N.L., VanNoy, B.N., Yau, A., Geller, R.J., Adamkiewicz, G. & Zota, A.R. 2021. Phthalate and novel plasticizer concentrations in food items from U.S. fast food chains: a preliminary analysis. *Journal of Exposure Science & Environmental Epidemiology*. https://doi.org/10.1038/s41370-021-00392-8.

EFSA. 2015. Scientific Opinion on the risks to public health related to the presence of bisphenol A(BPA) in food stuffs. *EFSA Journal*, 13(1): 3978. https://doi.org/10.2903/j.efsa.2015.3978.

Ellen MacArthur Foundation. 2016. *The New Plastics Economy: Rethinking the future of plastics & catalysing actions*. In: *Ellen MacArthur Foundation*. Isle of Wight, UK. Cited 12 August 2021. https://ellenmacarthurfoundation.org/the-new-plastics-economy-rethinking-the-future-of-plastics-and-catalysing.

Espinosa, M.J.C., Blanco, A.C., Scmidgall, T., Atanasoff-Karjalieff, A.K., Kappelmeyer, U., Tischler, D., Pieper, D.H. *et al.* 2020. Towards biorecycling: Isolation of a soil bacterium that grows on a polyurethane oligomer and monomer. *Frontiers in Microbiology*, 11: 404. https://doi.org/10.3389/fmicb.2020.00404.

Evangeliou, N., Grythe, H., Klimont, Z., Heyes, C., Eckhardt, S., Lopez-Aparicio, S. & Stohl, A. 2020. Atmospheric transport is a major pathway of microplastics to remote regions. *Nature Communications*, 11: 3381. https://doi.org/10.1038/s41467-020-17201-9.

Evans, M.C. & Ruf, C.S. 2021. Toward the Detection and Imaging of Ocean Microplastics With a Spaceborne Radar. *IEEE Transactions on Geoscience and Remote Sensing*: 1–9. https://doi.org/10.1109/TGRS.2021.3081691.

FAO. 2017. *Microplastics in fisheries and aquaculture. Status of knowledge on their occurrence and implications for aquatic organisms and food safety.* FAO Fisheries and Aquaculture Technical Paper No. 615. Rome. https://www.fao.org/3/I7677E/I7677E.pdf.

FAO. 2019. *Microplastics in Fisheries and Aquaculture. What so we know? Should we be worried?* Rome. https://www.fao.org/3/ca3540en/ca3540en.pdf.

FAO. 2021a. *Assessment of agricultural plastics and their sustainability—A call for action.* Rome. https://doi.org/10.4060/cb7856en.

FAO. 2021b. Reduce, reuse, recycle: a mantra for food packaging. How a circular approach to packaging can reduce food loss and waste and respect the environment. In: *FAO*. Rome. Cited 14 August 2021. https://www.fao.org/fao-stories/article/en/c/1441299/.

FAO & WHO. 2010. *Toxicological and Health Aspects of Bisphenol A*. Geneva, WHO. https://apps.who.int/iris/handle/10665/44624.

FAO & WHO. 2019. *FAO/WHO expert consultation on dietary risk assessment of chemical mixtures (risk assessment of combined exposure to multiple chemicals)*. Geneva, WHO. https://www.who.int/foodsafety/areas_work/chemical-risks/Euromix_Report.pdf.

Fang, X. & Vitrac, O. 2017. Predicting diffusion coefficients of chemicals in and through packaging materials. *Critical Reviews in Food Science and Nutrition*, 57(2): 275–312. https://doi.org/10.1080/10408398.2013.849654.

FERA. 2019. *Bio-based materials for use in food contact applications*. Fera project number FR/001658. Report to the Food Standards Agency. York, UK, Fera Science Ltd. https://www.food.gov.uk/sites/default/files/media/document/bio-based-materials-for-use-in-food-contact-applications_0.pdf.

Ferreira-Filipe, D.A., Paço, A., Duarte, A.C., Rocha-Santos, T. & Silva, A.L.P. 2021. Are Biobased Plastics Green Alternatives?—A Critical Review. *International Journal of Environmental Research and Public Health*, 18(15): 7729. doi: 10.3390/ijerph18157729.

Fournier, S.B., D'Errico, J.N., Adler, D.S., Kollontzi, S., Goedken, M.J., Fabris, L., Yurkow, E.J. & Stapleton, P.A. 2020. Nanopolystyrene translocation and fetal deposition after acute lung exposure during late-stage pregnancy. *Particle and Fibre Technology,* 17: 55. https://doi.org/10.1186/s12989-020-00385-9.

Froggett, S.T., Clancy, S.F., Boverhof, D.R. & Canady, R.A. 2014. A review and perspective of existing research on the release of nanomaterials from solid nanocomposites. *Particle and Fibre Toxicology*, 11: 17. https://doi.org/10.1186/1743-8977-11-17.

Garcia, C.V., Shin, G.H. & Kim, J.T. 2018. Metal oxide-based nanocomposites in food packaging: Applications, migration, and regulations. *Trends in Food Science & Technology*, 82: 21–31. https://doi.org/10.1016/j.tifs.2018.09.021.

Garrido Gamarro, E., Ryder, J., Elvevoll, E.O. & Olsen, R.L. 2020. Microplastics in fish and shellfish – A threat to seafood safety? *Journal of Aquatic Food Product Technology,* 29(4): 417–425. https://doi.org/10.1080/10498850.2020.1739793.

Geyer, R., Jambeck, J.R. & Law, K.L. 2017. Production, use and fate of all plastics ever made. *Science Advances*, 3: e1700782. doi: 10.1126/sciadv.1700782.

Ghisellini, P., Cialani, C. & Ulgiati, S. 2016. A review on circular economy: the expected transition to a balanced interplay of environmental and economic systems. *Journal of Clean Production*, 114: 11–32. https://doi.org/10.1016/j.jclepro.2015.09.007.

Gkoutselis, G., Rohrbach, S., Harjes, J., Obst, M., Brachmann, A., Horn, M.A. & Rambold, G. 2021. Microplastics accumulate fungal pathogens in terrestrial ecosystems. *Scientific Reports*, 11(1): 13214. https://doi.org/10.1038/s41598-021-92405-7.

Groh, K.J., Backhaus, T., Carney-Almroth, B., Geueke, B., Inostroza, P.A., Lennquist, A., Leslie, H.A. *et al.* 2019. Overview of known plastic packaging-associated chemicals and their hazards. *Science of The Total Environment*, 651: 3253–3268. https://doi.org/10.1016/j.scitotenv.2018.10.015.

Groh, K.J., Geueke, B., Martin, O., Maffini, M. & Muncke, J. 2021. Overview of intentionally used food contact chemicals and their hazards. *Environment International*, 150: 106225. https://doi.org/10.1016/j.envint.2020.106225.

Geueke, B., Groh, K. & Muncke, J. 2018. Food packaging in the circular economy: Overview of chemical safety aspects for commonly used materials. *Journal of Cleaner Production*, 193: 491–505. https://doi.org/10.1016/j.jclepro.2018.05.005.

Han, J.-W, Ruiz-Garcia, L., Qian, J.-P. & Yang, X.-T. 2018. Food packaging: A comprehensive review and future trends. *Comprehensive Reviews in Food Science and Food Safety,* 17(4): 860–877. https://doi.org/10.1111/1541-4337.12343.

Haram, L.E., Carlton, J.T., Ruiz, G.M. & Maximenko, N.A. 2020. A Plasticene Lexicon. *Marine Pollution Bulletin*, 150: 110714. https://doi.org/10.1016/j.marpolbul.2019.110714.

Hopewell, J., Dvorak, R. & Kosior, E. 2009. Plastic recycling: challenges and opportunities. *Philosophical Transactions of the Royal Society*, 364: 2115–2126. doi: 10.1098/rstb.2008.0311.

Hou, L., McMahan, C.D., McNeish, R.E., Munno, K., Rochman, C.M. & Hoellein, T.J. 2021. A fish tale: a century of museum specimens reveal increasing microplastic concentrations in freshwater fish. *Ecological Applications*, 31(5). https://doi.org/10.1002/eap.2320.

Katan, L.L. 1996. *Migration from food contact materials*. Boston, MA, Springer. https://doi.org/10.1007/978-1-4613-1225-3.

Kitamura, S., Ohmegi, M., Sanoh, S., Sugihara, K., Yoshihara, S., Fujimoto, N. & Ohta, S. 2003. Estrogenic activity of styrene oligomers after metabolic activation by ray liver microsomes. *Environmental Health Perspectives,* 111(3): 329–334. doi: 10.1289/ehp.5723.

Kovačič, A., Gys, C., Gulin, M.R., Kosjek, T., Heath, D., Covaci, A. & Heath, E. 2020. The migration of bisphenols from beverage cans and reusable sports bottles. *Food Chemistry,* 331: 127326. https://doi.org/10.1016/j.foodchem.2020.127326.

Lambert, S. & Wagner, M. 2017. Environmental performance of bio-based and biodegradable plastics: the road ahead. *Chemical Society Reviews*, 46: 6855. doi: 10.1039/c7cs00149e.

Lantham, K. 2021. The world's first "infinite" plastic. *BBC Future Planet,* 12 May 2021. London. Cited November 3 2021. https://www.bbc.com/future/article/20210510-how-to-recycle-any-plastic.

Lee, H., Kunz, A., Shim, W.J. & Walther, B.A. 2019. Microplastic contamination of table salts from Taiwan, including a global review. *Scientific Reports,* 9: 10145. https://doi.org/10.1038/s41598-019-46417-z.

Li, D., Shi, Y., Yang, L., Xiao, L., Kehoe, D.K., Gun'ko, Y.K., Boland, J.J. *et al.* 2020. Microplastic release from the degradation of polypropylene feeding bottles during infant formula preparation. *Nature Food*, 1(11): 746–754. https://doi.org/10.1038/s43016-020-00171-y.

Lim, X. 2021. Microplastics are everywhere—but are they harmful? *Nature*, 593: 22–25. https://doi.org/10.1038/d41586-021-01143-3.

Lyche, J.L., Gutleb, A.C., Bergman, Å., Eriksen, G.S., Murk, A.J., Ropstad, E., Saunders, M. *et al.* 2009. Reproductive and Developmental Toxicity of Phthalates. *Journal of Toxicology and Environmental Health, Part B*, 12(4): 225–249. https://doi.org/10.1080/10937400903094091.

Ma, Y., Liu, H., Wu, J., Yuan, L., Wang, Y., Du, X., Wang, R. *et al.* 2019. The adverse health effects of bisphenol A and related toxicity mechanisms. *Environmental Research*, 176: 108575. https://doi.org/10.1016/j.envres.2019.108575.

McClements, D.J. & Xiao, H. 2017. Is nano safe in foods? Establishing the factors impacting the gastrointestinal fate and toxicity of organic and inorganic food-grade nanoparticles. *npj Science of Food*, 1: 6. https://doi.org/10.1038/s41538-017-0005-1.

Meys, R., Frick, F., Westhaus, S., Sternberg, A., Klankermayer, J. & Bardow, A. 2020. Towards a circular economy for plastic packaging wastes—the environmental potential of chemical recycling. *Resources, Conservation & Recycling*, 162: 105010. https://doi.org/10.1016/j.resconrec.2020.105010.

Muncke, J., Backhaus, T., Geueke, B., Maffini, M.V., Martin, O.V., Myers, J.P., Soto, A.M. *et al.* 2017. Scientific Challenges in the Risk Assessment of Food Contact Materials. *Environmental Health Perspectives*, 125(9): 095001. https://doi.org/10.1289/EHP644.

Muncke, J., Andersson, A.-M., Backhaus, T., Boucher, J.M., Carney Almroth, B., Castillo Castillo, A., Chevrier, J. *et al.* 2020. Impacts of food contact chemicals on human health: a consensus statement. *Environmental Health*, 19(1): 25, s12940-020-0572–5. https://doi.org/10.1186/s12940-020-0572-5.

Napper, I.E. & Thompson, R.C. 2019. Environmental Deterioration of Biodegradable, Oxo-biodegradable, Compostable, and Conventional Plastic Carrier Bags in the Sea, Soil, and Open-Air Over a 3-Year Period. *Environmental Science & Technology*, 53(9): 4775–4783. https://doi.org/10.1021/acs.est.8b06984.

National Academies of Sciences, Engineering, and Medicine. 2021. *Reckoning with the U.S. Role in Global Plastic Waste*. Washington, D.C., The National Academies Press. https://doi.org/10.17226/26132.

Nazareth, M., Marques, M.R.C., Leite, M.C.A. & Castra, I.B. 2019. Commercial plastics claiming biodegradable status: Is this also accurate for marine environments? *Journal of Hazardous Materials*, 366: 714–722. https://doi.org/10.1016/j.jhazmat.2018.12.052.

Pham, D.N., Clark, L. & Li, M. 2021. Microplastics as hubs enriching antibiotic-resistant bacteria and pathogens in municipal activated sludge. *Journal of Hazardous Materials Letters*, 2: 100014. https://doi.org/10.1016/j.hazl.2021.100014.

Rahman, A., Sarkar, A., Yadav, O.P., Achari, G. & Slobodnik, J. 2021. Potential human health risks due to environmental exposure to nano- and microplastics and knowledge gaps: A scoping review. *Science of the Total Environment*, 757: 143872. https://doi.org/10.1016/j.scitotenv.2020.143872.

Rochester, J. & Bolden, A.L. 2015. Bisphenol S and F: A systematic review and comparison of the hormonal activity of bisphenol A substitutes. *Environmental Health Perspectives*, 123: 643–650. http://dx.doi.org/10.1289/ehp.1408989.

Rollinson, A.N. & Oladejo, J. 2020. *Chemical recycling: Status, Sustainability, and Environmental Impacts*. Global Alliance for Incinerator Alternatives. https://doi.org/10.46556/ONLS4535.

Rubin, B.S. 2011. Bisphenol A: An endocrine disruptor with widespread exposure and multiple effects. *The Journal of Steroid Biochemistry and Molecular Biology,* 127(1–2): 27–34. https://doi.org/10.1016/j.jsbmb.2011.05.002.

Samsonek, J. & Puype, F. 2012. Occurrence of brominated flame retardants in black thermo cups and selected kitchen utensils purchased on the European market. *Food Additives & Contaminants: Part A*, 30(11): 1976–1986. https://doi.org/10.1080/19440049.2013.829246.

SAPEA. 2019. *Science Advice for Policy by European Academies.* A Scientific Perspective on Microplastics in Nature and Society. Berlin, SAPEA. https://doi.org/10.26356/microplastics.

Schweitzer, J.-P., Gionfra, S., Pantzar, M., Mottershead, D., Watkins, E., Petsinaris, F. & ten Brink, P. *et al.* 2018. *Unwrapped: How throwaway plastics is failing to solve Europe's food waste problem (and what we need to do instead)*. A study by Zero Waste Europe and Friends of the Earth Europe for the Rethink Plastic Alliance. Brussels, Institute for Europe Environmental Policy (IEEP). https://zerowasteeurope.eu/wp-content/uploads/2018/04/Unwrapped_How-throwaway-plastic-is-failing-to-solve-Europes-food-waste-problem_and-what-we-need-to-do-instead_FoEE-ZWE-April-2018_final.pdf.

Silva, A.L.P. 2021. Future-proofing plastic waste management for a circular bioeconomy. *Current Opinion in Environmental Science & Health*, 22: 100263. https://doi.org/10.1016/j.coesh.2021.100263.

Stahel, W.R. 2016. The circular economy. *Nature*, 531: 435–438. https://doi.org/10.1038/531435a.

Schnys, Z.OG. & Shaver, M.P. 2020. Mechanical recycling of packaging plastics: A review. *Macromolecular Rapid Communications*, 42(3): 2000415. https://doi.org/10.1002/marc.202000415.

Störmer, A., Bott, J. & Franz, K.R. 2017. Critical review of the migration potential of nanoparticles in food contact plastics. *Trends in Food Science & Technology,* 63: 39–50. https://doi.org/10.1016/j.tifs.2017.01.011.

Szakal, C., Roberts, S.M., Westerhoff, P., Bartholomaeus, A., Buck, N., Illuminato, I., Canady, R. & Rogers, M. 2014. Measurement of nanomaterials in foods: Integrative consideration of challenges and future prospects. *ACS Nano*, 8(4): 3128–3135. https://doi.org/10.1021/nn501108g.

Thiele, C.J., Hudson, M.D., Russell, A.E., Saluveer, M. & Sidaoui-Haddad, G. 2021. Microplastics in fish and fishmeal: an emerging environmental challenge? *Scientific Reports,* 11: 2045. https://doi.org/10.1038/s41598-021-81499-8.

Thompson, R.C., Olsen, Y., Mitchell, R.P., Davis, A., Rowland, S.J., John, A.W.G.,

McGonigle, D. *et al.* 2004. Lost at Sea: Where Is All the Plastic? *Science*, 304(5672): 838. https://doi.org/10.1126/science.1094559.

UNEP. 2014. Valuing Plastic. The Business Case for Measuring, Managing and Disclosing Plastic Use in the Consumer Goods Industry. In: *UNEP Document Repository.* https://wedocs.unep.org/handle/20.500.11822/25302.

van der A, J.G. & Sijm, D.T.H.M. 2021. Risk governance in the transition towards sustainability, the case of bio-based plastic food packaging materials. *Journal of Risk Research*, 24(12): 1639–1651. https://doi.org/10.1080/13669877.2021.1894473.

van der Oever, M., Molenveld, K., van der Zee, M. & Bos, H. 2017. Bio-based and biodegradable plastics: facts and figures: focus on food packaging in the Netherlands. Wageningen, Wageningen Food & Biobased Research. https://doi.org/10.18174/408350.

Verghese, K., Lewis, H., Lockrey, S. & Williams, H. 2015. Packaging's role in minimizing food loss and waste across the supply chain. *Packaging Technology and Science,* 28: 603–620. doi: 10.1002/pts.2127.

Vilarinho, F., Sendón, R., van der Kellen, A., Vaz, M.F. & Silva, S. 2019. Bisphenol A in food as a result of its migration from food packaging. *Trends in Food Science & Technology*, 91: 33–65. https://doi.org/10.1016/j.tifs.2019.06.012.

Weinstein, J. E., Dekle, J. L., Leads, R. R. & Hunter, R. A. 2020. Degradation of bio-based and biodegradable plastics in a salt marsh habitat: Another potential source of microplastics in coastal waters. *Marine Pollution Bulletin*, 160: 111518. https://doi.org/10.1016/j.marpolbul.2020.111518.

Weithmann, N., Möller, J.N., Löder, M.G., Piehl, S., Laforsch, C. & Freitag, R. 2018. Organic fertilizer as a vehicle for the entry of microplastic into the environment. *Science Advances*, 4: eaap8060. doi: 10.1126/sciadv.aap8060.

Wiesinger, H., Wang, Z. & Hellweg, S. 2021. Deep Dive into Plastic Monomers, Additives, and Processing Aids. Environmental Science & Technology, 55(13): 9339–9351. https://doi.org/10.1021/acs.est.1c00976.

Yang, Y., Yang, J., Wu, W.M., Zhao, J., Song, Y., Gao, L., Yang, R. & Jiang, L. 2015. Biodegradation and mineralization of polystyrene by plastic-eating mealworms: Part 1. Chemical and physical characterization and isotopic tests. *Environmental Science & Technology*, 49(20): 12080–12086. https://doi.org/10.1021/acs.est.5b02661.

Yates, J., Deeney, M., Rolker, H.B., White, H., Kalamatianou & Kadiyah, S. 2021. A systematic scoping review of environmental, food security and health impacts of food system plastics. *Nature Food*, 2: 80–87. https://doi.org/10.1038/s43016-021-00221-z.

Yu, H.-Y., Yang, X.-Y., Lu, F.-F., Chen, G.-Y. & Yao, J.-M. 2016. Fabrication of multifunctional cellulose nanocrystals/poly(lactic acid) nanocomposites with silver nanoparticles by spraying method. *Carbohydrate Polymers*, 140: 209–219. doi: 10.1016/j.carbpol.2015.12.030.

Yuan, H., Xu, X., Sima, Y. & Xu, S. 2013. Reproductive toxicity effects of 4-nonylphenol with known endocrine disrupting effects and induction of vitellogenin gene expression in silkworm, *Bombyx mori*. *Chemosphere*, 93: 263–268. http://dx.doi.org/10.1016/j.chemosphere.2013.04.075.

Zimmerman, L., Dombrowski, A., Völker, C. & Wagner, M. 2020. Are bioplastics and plant-based materials safer than conventional plastics? In vitro toxicity and chemical composition. *Environmental International*, 145: 106066. https://doi.org/10.1016/j.envint.2020.106066.

Zhao, X. & You, F. 2021. Consequential life cycle assessment and optimization of high-density polyethylene plastic waste chemical recycling. *ACS Sustainable Chemistry & Engineering*, 9(36): 12167. doi: 10.1021/acssuschemeng.1c03587.

7 微生物组，食品安全的一个视角

Abdelsalam, N. A., Ramadan, A. T., Elrakaiby, M. T. & Aziz, R. K. 2020. Toxicomicrobiomics: The Human Microbiome vs. Pharmaceutical, Dietary, and Environmental Xenobiotics. *Frontiers in Pharmacology,* 11(390). https://doi.org/10.3389/fphar.2020.00390.

Beck, K. L., Haiminen, N., Chambliss, D., Edlund, S., Kunitomi, M., Huang, B. C., Kong, N. *et al.* 2021. Monitoring the microbiome for food safety and quality using deep shotgun sequencing. *npj Science of Food,* 5(1): 3. https://doi.org/10.1038/s41538-020-00083-y.

Berg, G., Rybakova, D., Fischer, D., Cernava, T., Vergès, M.-C.C., Charles, T., Chen, X. *et al.* 2020. Microbiome definition re-visited: old concepts and new challenges. *Microbiome*, 8(1): 103. https://doi.org/10.1186/s40168-020-00875-0.

Cahill, S. M., Desmarchelier, P., Fattori, V., Bruno, A. & Cannavan, A. 2017. Global Perspectives on Antimicrobial Resistance in the Food Chain. *Food Protection Trends,* 37(5): 353–360.

Cao, Y., Liu, H., Qin, N., Ren, X., Zhu, B. & Xia, X. 2020. Impact of food additives on the composition and function of gut microbiota: A review. *Trends in Food Science & Technology,* 99: 295–310. https://doi.org/10.1016/j.tifs.2020.03.006.

Chiu, K., Warner, G., Nowak, R. A., Flaws, J. A. & Mei, W. 2020. The Impact of Environmental Chemicals on the Gut Microbiome. *Toxicological Sciences,* 176(2): 253-284. https://doi.org/10.1093/toxsci/kfaa065.

Claus, S. P., Guillou, H. & Ellero-Simatos, S. 2016. The gut microbiota: a major player in the toxicity of environmental pollutants? *npj Biofilms and Microbiomes,* 2(1): 16003. https://doi.org/10.1038/npjbiofilms.2016.3.

Das, B. & Nair, G. B. 2019. Homeostasis and dysbiosis of the gut microbiome in health and disease. *Journal of Biosciences,* 44(5).

De Filippis, F., Valentino, V., Alvarez-Ordóñez, A., Cotter, P. D. & Ercolini, D. 2021. Environmental microbiome mapping as a strategy to improve quality and safety in the food industry. *Current Opinion in Food Science,* 38: 168–176. https://doi.org/10.1016/j.cofs.2020.11.012.

Economou, V. & Gousia, P. 2015. Agriculture and food animals as a source of antimicrobialresistant bacteria. *Infection and drug resistance,* 8: 49–61. https://doi.org/10.2147/IDR.S55778.

FAO & WHO. 2009. *Principles and methods for the risk assessment of chemicals in food.* Geneva, WHO. https://www.who.int/publications/i/item/9789241572408.

Feng, J., Li, B., Jiang, X., Yang, Y., Wells, G. F., Zhang, T. & Li, X. 2018. Antibiotic resistome in a large-scale healthy human gut microbiota deciphered by metagenomic and network analyses. *Environmental Microbiology,* 20(1): 355–368. https://doi.org/10.1111/1462-2920.14009.

Flandroy, L., Poutahidis, T., Berg, G., Clarke, G., Dao, M.-C., Decaestecker, E., Furman, E. *et al.* 2018. The impact of human activities and lifestyles on the interlinked microbiota and health of humans and of ecosystems. *Science of The Total Environment,* 627: 1018-1038. https://doi.org/10.1016/j.scitotenv.2018.01.288.

Galloway-Peña, J. & Hanson, B. 2020. Tools for Analysis of the Microbiome. *Digestive Diseases and Sciences*, 65(3): 674–685. https://doi.org/10.1007/s10620-020-06091-y.

Hendriksen, R. S., Bortolaia, V., Tate, H., Tyson, G. H., Aarestrup, F. M. & Mcdermott, P. F. 2019. Using Genomics to Track Global Antimicrobial Resistance. *Frontiers in Public Health,* 7(242). https://doi.org/10.3389/fpubh.2019.00242.

Hu, Y. & Zhu, B. 2016. The human gut antibiotic resistome in the metagenomic era: progress and perspectives. *Infectious Diseases and Translational Medicine (IDTM),* 2(1): 41–47.

Kim, D.-W. & Cha, C.-J. 2021. Antibiotic resistome from the One-Health perspective: understanding and controlling antimicrobial resistance transmission. *Experimental & Molecular Medicine,* 53(3): 301–309. https://doi.org/10.1038/s12276-021-00569-z.

Lynch, S. V. & Pedersen, O. 2016. The Human Intestinal Microbiome in Health and Disease. *New England Journal of Medicine,* 375(24): 2369–2379. https://doi.org/10.1056/NEJMra1600266.

Merten, C., Schoonjans, R., Di Gioia, D., Peláez, C., Sanz, Y., Maurici, D. & Robinson, T. 2020. Editorial: Exploring the need to include microbiomes into EFSA's scientific assessments. *EFSA Journal,* 18(6): e18061. https://doi.org/10.2903/j.efsa.2020.e18061.

National Academies of Sciences, E. & Medicine 2018. *Environmental Chemicals, the Human Microbiome, and Health Risk: A Research Strategy.* Washington, DC, The National Academies Press. https://www.nap.edu/catalog/24960/environmental-chemicals-the-human-microbiome-and-health-risk-a-research2018.

Penders, J., Stobberingh, E., Savelkoul, P. & Wolffs, P. 2013. The human microbiome as a reservoir of antimicrobial resistance. *Frontiers in Microbiology,* 4(87). https://doi.org/10.3389/fmicb.2013.00087.

Pilmis, B., Le Monnier, A. & Zahar, J.-R. 2020. Gut Microbiota, Antibiotic Therapy and Antimicrobial Resistance: A Narrative Review. *Microorganisms,* 8(2). https://doi.org/10.3390/microorganisms8020269.

Piñeiro, S. A. & Cerniglia, C. E. 2021. Antimicrobial drug residues in animal-derived foods: Potential impact on the human intestinal microbiome. *Journal of Veterinary Pharmacology and Therapeutics,* 44(2): 215–222. https://doi.org/10.1111/jvp.12892.

Roca-Saavedra, P., Mendez-Vilabrille, V., Miranda, J. M., Nebot, C., Cardelle-Cobas, A.,

Franco, C. M. & Cepeda, A. 2018. Food additives, contaminants and other minor components: effects on human gut microbiota—a review. *Journal of Physiology and Biochemistry,* 74(1): 69–83. https://doi.org/10.1007/s13105-017-0564-2.

Shetty, S. A., Hugenholtz, F., Lahti, L., Smidt, H. & De Vos, W. M. 2017. Intestinal microbiome landscaping: insight in community assemblage and implications for microbial modulation strategies. *FEMS Microbiology Reviews,* 41(2): 182–199. https://doi.org/10.1093/femsre/fuw045.

Smillie, C. S., Smith, M. B., Friedman, J., Cordero, O. X., David, L. A. & Alm, E. J. 2011. Ecology drives a global network of gene exchange connecting the human microbiome. *Nature,* 480(7376): 241–244. https://doi.org/10.1038/nature10571.

Sutherland, V. L., Mcqueen, C. A., Mendrick, D., Gulezian, D., Cerniglia, C., Foley, S., Forry, S. *et al.* 2020. The Gut Microbiome and Xenobiotics: Identifying Knowledge Gaps. *Toxicological Sciences,* 176(1): 1–10. https://doi.org/10.1093/toxsci/kfaa060.

VICH. 2019. *VICH GL36 Studies to evaluate the safety of residues of veterinary drugs in human food: General approach to establish a microbiological ADI—Revision 2*. Amsterdam, European Medicines Agency, and Brussels, VICH. https://www.ema.europa.eu/documents/scientific-guideline/vich-gl36r2-studies-evaluate-safety-residues-veterinary-drugs-human-food-general-approach-establish_en.pdf.

Walter, J., Armet, A. M., Finlay, B. B. & Shanahan, F. 2020. Establishing or Exaggerating Causality for the Gut Microbiome: Lessons from Human Microbiota-Associated Rodents. *Cell,* 180(2): 221–232. https://doi.org/10.1016/j.cell.2019.12.025.

Weimer, B. C., Storey, D. B., Elkins, C. A., Baker, R. C., Markwell, P., Chambliss, D. D., Edlund, S. B. & Kaufman, J. H. 2016. Defining the food microbiome for authentication, safety, and process management. *IBM Journal of Research and Development,* 60(5/6): 1:1–1:13. https://doi.org/10.1147/JRD.2016.2582598.

WHO. 2015. *Global action plan on antimicrobial resistance.* Geneva. https://www.who.int/iris/bitstream/10665/193736/1/9789241509763_eng.pdf.

Wilson, A.S., Koller, K.R., Ramaboli, M.C., Nesengani, L.T., Ocvirk, S., Chen, C., Flanagan, C.A. *et al.* 2020. Diet and the Human Gut Microbiome: An International Review. *Digestive Diseases and Sciences*, 65(3): 723–740. https://doi.org/10.1007/s10620-020-06112-w.

8 技术创新与科学进步

Albrecht, C. 2019. Sensor to detect many different types of food allergens. In: *The Spoon.* Cited 17 September 2021. https://thespoon.tech/sensogenic-is-making-a-handheld-sensor-to-detect-many-different-types-of-food-allergens/.

Aung, M.M. & Chang, Y.S. 2014. Traceability in a food supply chain: Safety and quality perspectives. *Food Control*, 39: 172–184. https://doi.org/10.1016/j.foodcont.2013.11.007.

Atzori, M. 2017. Blockchain technology and decentralized governance: Is the state still necessary? *Journal of Governance and Regulation*, 6(1): 45–62. https://doi.org/10.22495/jgr_v6_i1_p5.

Azimi, P., Zhao, D., Pouzet, C., Crain, N.E. & Stephens, B. 2016. Emissions of ultrafine particles and volatile oganic compounds from commercially available desktop three-dimensional printers with multiple filaments. *Environmental Science & Technology*, 50(3): 1260–1268. https://doi.org/10.1021/acs.est.5b04983.

Bandoim, L. 2021. World's First 3D Bioprinted And Cultivated Ribeye Steak Is Revealed. In: *Forbes.* Cited 6 June 2021. https://www.forbes.com/sites/lanabandoim/2021/02/12/worlds-first-3d-bioprinted-and-cultivated-ribeye-steak-is-revealed/?sh=3f435f244781.

Banis, D. 2018. These Two Dutch Students Create 3D-Printed Snacks From Food Waste. In: *Forbes.* Cited 18 October 2021. https://www.forbes.com/sites/davidebanis/2018/12/24/these-two-dutch-students-create-3d-printed-snacks-from-food-waste/?sh=7d98ab0b4130.

BBC News. 2021. *How fresh is your food? Sensors could show you* [video]. Cited 21 November 2021. https://www.bbc.com/news/av/world-australia-58976338.

Bhoge, A. 2018. Smart labels: the next big thing in IoT and packaging. In: *Packaging Strategies.* Cited 7 November 2021. https://www.packagingstrategies.com/articles/90618-smart-labels-the-next-big-thing-in-iot-and-packaging.

Blutinger, J.D., Tsai, A., Storvick, E., Seymour, G., Liu, E., Samarelli, N., Karthik, S. *et al.* 2021. Precision cooking for printed foods via multiwavelength lasers. *npj Science of Food*, 5(1): 24. https://doi.org/10.1038/s41538-021-00107-1.

Bouzembrak, Y., Klüche, M., Gavai, A. & Marvin, H.J.P. 2019. Internet of Things in food safety: Literature review and a bibliographic analysis. *Trends in Food Science and Technology*, 94: 54–64. https://doi.org/10.1016/j.tifs.2019.11.002.

Cai, Y. & Zhu, D. 2016. Fraud detections for online businesses: a perspective from blockchain technology. *Financial Innovation*, 2: 20. doi: 10.1186/s40854-016-0039-4.

Cece, S. 2019. Is IoT the future of food safety? In: *Food Engineering.* Cited 12 August 2021. https://www.foodengineeringmag.com/articles/98212-is-iot-the-future-of-food-safety.

Chai, Y., Wikle, H.C., Wang, Z., Horikawa, S., Best, S., Cheng, Z., Dyer, D.F. & Chin, B.A. 2013. Design of a surface-scanning coil detector for direct bacteria detection on food surfaces using a magnetoelastic biosensor. *Journal of Applied Physics,* 114: 10. doi: 10.1063/1.4821025.

Delgado, J.A., Short Jr. N.M., Roberts, D.P. & Vandenberg, B. 2019. Big data analysis for sustainable agriculture on a geospatial cloud platform. *Frontiers in Sustainable Food Systems*, 3: 54. doi: 10.3389/fsufs.2019.00054.

Deshpande, A., Stewart, K., Lepetit, L. & Gunashekar, S. 2017. *Distributed Ledger Technologies/ Blockchain. Challenges, opportunities and the prospects for standards*. Overview report. Cambridge, RAND Europe and London, BSI. https://www.bsigroup.com/LocalFiles/zh-tw/InfoSec-newsletter/No201706/download/BSI_Blockchain_DLT_Web.pdf.

Donaghy, J.A., Danyluk, M.D., Ross, T., Krishna, B. & Farber, J. 2021 Big data impacting dynamic food safety risk management in the food chain. *Frontiers in Microbiology*, 12: 668196. https://doi.org/10.3389/fmicb.2021.668196.

Drakvik, E., Altenburger, R., Aoki, Y., Backhaus, T., Bahadori, T., Barouki, R., Brack, W. *et*

al. 2020. Statement on advancing the assessment of chemical mixtures and their risks for human health and the environment. *Environment International*, 134: 105267. https://doi.org/10.1016/j.envint.2019.105267.

EC. 2019. *Smart device detects food contaminants in real time.* In: *Cordis Europa.* Cited 10 October 2021. https://cordis.europa.eu/article/id/125205-smart-device-detects-food-contaminants-in-real-time.

EFSA Panel on Food Additives and Flavourings (FAF), Younes, M., Aquilina, G., Castle, L., Engel, K., Fowler, P., Frutos Fernandez, M.J. ***et al.*** 2021. Safety assessment of titanium dioxide (E171) as a food additive. *EFSA Journal*, 19(5). https://doi.org/10.2903/j.efsa.2021.6585.

EFSA Scientific Committee, Hardy, A., Benford, D., Halldorsson, T., Jeger, M.J., Knutsen, H.K., More, S. ***et al.*** 2018. Guidance on risk assessment of the application of nanoscience and nanotechnologies in the food and feed chain: Part 1, human and animal health. *EFSA Journal*, 16(7). https://doi.org/10.2903/j.efsa.2018.5327.

EFSA Scientific Committee, More, S.J., Bampidis, V., Benford, D., Bennekou, S.H., Bragard, C., Halldorsson, T.I. ***et al.*** 2019. Guidance on harmonised methodologies for human health, animal health and ecological risk assessment of combined exposure to multiple chemicals. *EFSA Journal*, 17(3). https://doi.org/10.2903/j.efsa.2019.5634.

FAO. 2019. *Digital technologies in Agriculture and Rural Areas.* Briefing paper. Rome. https://www.fao.org/3/ca4887en/ca4887en.pdf.

FAO & WHO. 2010. FAO/WHO expert meeting on the application of nanotechnologies in the food and agriculture sectors: potential food safety implications: meeting report. Geneva, WHO. https://www.who.int/publications/i/item/9789241563932.

FAO & WHO. 2012. *Nanotechnologies in food and agriculture.* Joint FAO/WHO meeting report. Rome, FAO. https://www.fao.org/publications/card/en/c/fce9f48e-64a4-49a0-a32b-6ba52478cbfd/.

FAO & WHO. 2013. *State of the art on the initiatives and activities relevant to risk assessment and risk management of nanotechnologies in the food and agriculture sectors.* FAO/WHO technical paper. Rome, FAO. https://apps.who.int/iris/handle/10665/87458.

FAO & WHO. 2018a. *Science, Innovation and Digital Transformation at the Service of Food Safety.* Rome, FAO. http://www.fao.org/3/CA2790EN/ca2790en.pdf.

FAO & WHO. 2018b. *FAO/WHO Framework for the Provision of Scientific Advice on Food Safety and Nutrition (to Codex and member countries).* Rome, FAO. https://www.fao.org/3/i7494en/I7494EN.pdf.

FAO & WHO. 2019. *FAO/WHO Expert Consultation on Dietary risk assessment of chemical mixtures. (Risk assessment of combined exposure to multiple chemicals).* WHO, Geneva, 16–18 April 2019. https://www.who.int/foodsafety/areas_work/chemical-risks/Euromix_Report.pdf.

Friedlander, A. & Zoellner, C. Artificial Intelligence opportunities to improve food safety at retail. *Food Protection Trends*, 40(4): 272–278.

Garber, M. 2014. What 3D-Printed Cake Tastes Like. *The Atlantic,* 8 January 2014. Cited 21

October 2021. Washington, DC, USA. https://www.theatlantic.com/technology/archive/2014/01/what-3d-printed-cake-tastes-like/282904/.

Ghazal, A.F., Zhang, M., Bhandari, B. & Chen, H. 2021. Investigation on spontaneous 4D changes in color and flavor of healthy 3D printed food materials over time in response to external or internal pH stimulus. *Food Research International,* 142: 110215. https://doi.org/10.1016/j.foodres.2021.110215.

Gibbs, A. 2015. Tech turns tasty with printed pancakes. In: *CNBC*. Cited 24 October 2021. https://www.cnbc.com/2015/03/27/tech-turns-tasty-with-3d-printed-pancakes.html.

Godoi, F.C., Prakash, S. & Bhandari, B.R. 2016. 3d printing technologies applied to food design: Status and prospects. *Journal of Food Engineering*, 179: 44–54. https://doi.org/10.1016/j.jfoodeng.2016.01.025.

Jacobs, N., Brewer, S., Craigon, P.J., Frey, J., Gutierrez, A., Kanza, S., Manning, L. *et al.* 2021. Considering the ethical implications of digital collaboration in the Food Sector. *Patterns*, 2(11): 100335. https://doi.org/10.1016/j.patter.2021.100335.

Jarrett, C. 2020. Could robots lead the fight against contamination in food production lines? In: *Food Industry Executive*. Cited 8 October 2021. https://foodindustryexecutive.com/2020/07/putting-food-safety-first-with-robots/.

Jones, T.J., Jambon-Puillet, E., Marthelot, J. & Brun, P.-T. 2021. Bubble casting soft robotics. *Nature,* 599: 229–233. https://doi.org/10.1038/s41586-021-04029-6.

Kamath, R. 2018. Food traceability on blockchain: Walmart's pork and mango pilots with IBM. *The Journal of British Blockchain Association*, 1(1): 1–2. doi: 10.31585/jbba-1-1-(10)2018.

Kaplan, E. 2021. Crytocurrency goes green: could 'proof of stake' offer a solution to energy concerns? In: *NBC News*. Cited 11 November 2021. https://www.nbcnews.com/tech/tech-news/cryptocurrency-goes-green-proof-stake-offer-solution-energy-concerns-rcna1030.

Karthika, V. & Jaganathan, S. 2019. A quick synopsis of blockchain technology. *International Journal of Blockchains and Cryptocurrencies*, 1(1): 54. https://doi.org/10.1504/IJBC.2019.101852.

Köhler, S. & Pizzol, M. 2019. Life cycle assessment of Bitcoin mining. *Environmental Science & Technology*, 53: 13598–13606. doi: 10.1021/acs.est.9b05687.

Landman, F. 2018. How will IoT reshape our kitchens? In: *Readwrite*. Cited 10 November 2021. https://readwrite.com/2018/07/05/how-will-iot-reshape-our-kitchens/.

Li, Y., Li, X., Zeng, X., Cao, J. & Jiang, W. 2020. Application of blockchain technology in food safety control: current trends and future prospects. *Critical Reviews in Food Science and Nutrition*. doi: 10.1080/10408398.2020.1858752.

Lovell, R. 2021. The farms being run from space. In: *BBC News Follow The Food*. London, BBC News. Cited 9 September 2021. https://www.bbc.com/future/bespoke/follow-the-food/the-farms-being-run-from-space/.

Malone, E. & Lipson, H. 2007. Fab@Home: the personal desktop fabricator kit. *Rapid Prototype Journal*, 13(4): 245–155. doi:10.1108/13552540710776197.

Marvin, H.J.P., Janssen, E.M., Bouzembrak, Y., Hendriksen, P.J.M. & Staats, M. 2017. Big data in food safety: An overview. *Critical reviews in Food Science and Nutrition*, 57(11): 2286–2295. http://dx.doi.org/10.1080/10408398.2016.1257481.

Mateus, M., Fernandes, J., Revilla, M., Ferrer, L., Villarreal, M.R., Miller, P., Schmidt, W. *et al.* 2019. Early Warning Systems for Shellfish Safety: The Pivotal Role of Computational Science. *In* J.M.F. Rodrigues, P.J.S. Cardoso, J. Monteiro, R. Lam, V.V. Krzhizhanovskaya, M.H. Lees, J.J. Dongarra, *et al*., eds. *Computational Science – ICCS 2019*, pp. 361–375. Lecture Notes in Computer Science. Cham, Springer International Publishing. https://doi.org/10.1007/978-3-030-22747-0_28.

Mistry, I., Tanwar, S., Tyagi, S. & Kumar, N. 2020. Blockchain for 5G-enabled IoT for industrial automation: A systematic review, solutions, and challenges. *Mechanical Systems and Signal Processing*, 135: 106382. https://doi.org/10.1016/j.ymssp.2019.106382.

Mohan, A.M. 2020. Robotics special report: Food-safe solutions emerge. In: *Packaging World*. Cited 10 October 2021. https://www.packworld.com/machinery/robotics/article/21141584/robotics-special-report-foodsafe-solutions-emerge.

Moon, L. 2020. Would you eat a steak from a 3D printer? In: *SBS*. Cited 12 September 2021. https://www.sbs.com.au/food/article/2020/08/21/would-you-eat-steak-3d-printer.

Nakamoto, S. 2009. *Bitcoin: A Peer-to-Peer Electronic Cash System*. https://bitcoin.org/bitcoin.pdf.

Neethirajan, S., Weng, X., Tah, A., Cordero, J.O. & Ragavan, K.V. 2018. Nano-biosensor platforms for detecting food allergens—New trends. *Sensing and Bio-sensing Research,* 18: 13–30. https://doi.org/10.1016/j.sbsr.2018.02.005.

Newton, E. 2021. How food processors can use robots to improve food safety. In: *Food Safety Tech*. Cited 21 August 2021. https://foodsafetytech.com/column/how-food-processors-can-use-robots-to-improve-food-quality/.

OECD. 2018. *Considerations for Assessing the Risks of Combined Exposure to Multiple Chemicals*. Series on Testing and Assessment No. 296. Paris, France, Environment, Health and Safety Division, OECD Environment Directorate. https://www.oecd.org/chemicalsafety/risk-assessment/considerations-for-assessing-the-risks-of-combined-exposure-to-multiple-chemicals.pdf.

Pearson, S., May, D., Leontidis, G., Swainson, M., Brewer, S., Bidaut, L., Frey, J.G. *et al.* 2019. Are Distributed Ledger Technologies the panacea for food traceability? *Global Food Security*, 20: 145–149. https://doi.org/10.1016/j.gfs.2019.02.002.

Rateni, G., Dario, P. & Cavallo, F. 2017. Smartphone-Based Food Diagnostic Technologies: A Review. *Sensors*, 17(6): 1453. https://doi.org/10.3390/s17061453.

Raza, M.M., Harding, C., Liebman, M. & Leandro, L.F. 2020. Exploring the Potential of High-Resolution Satellite Imagery for the Detection of Soybean Sudden Death Syndrome. *Remote Sensing*, 12(7): 1213. https://doi.org/10.3390/rs12071213.

Severini, C., Derossi, A., Ricci, I., Caporizzi, R. & Fiore, A. 2018. Printing a blend of fruits and vegetables. New advances on critical variables and shelf life of 3D edible objects. *Journal of Food Engineering*, 220: 89–100. https://doi.org/10.1016/j.jfoodeng.2017.08.025.

Singh, T., Shukla, S., Kumar, P., Wahla, V., Bajpai, V.K. & Rather, I.A. 2017. Application of nanotechnology in food science: perception and overview. *Frontiers in Microbiology,* 8: 1501. doi: 10.3389/fmicb.2017.01501.

So, K. 2019. Cobots: Transforming the food and beverage industry. In: *Asia Pacific Food Industry.* Cited 28 August 2021. https://apfoodonline.com/industry/cobots-transforming-the-food-and-beverage-industry/.

Underwood, S. 2016. Blockchain beyond bitcoin. *Communications of the ACM*, 59(11): 15–17. https://doi.org/10.1145/2994581.

Unuvar, M. 2017. The food industry gets an upgrade with blockchain. In: *IBM Supply Chain and Blockchain Blog*. Cited on 11 August 2021. https://www.ibm.com/blogs/blockchain/2017/06/the-food-industry-gets-an-upgrade-with-blockchain/.

US EPA. 2000. *Supplementary guidance for conducting health risk assessment of chemical mixtures.* Washington, DC, USA. https://cfpub.epa.gov/ncea/risk/recordisplay.cfm?deid=20533.

US EPA. 2003. *Framework for cumulative risk assessment.* Washington, DC, USA. https://www.epa.gov/sites/default/files/2014-11/documents/frmwrk_cum_risk_assmnt.pdf.

US EPA. 2008. *Concepts, methods, and data sources for cumulative health risk assessment of multiple chemicals, exposures and effects: A resource document.* Washington, DC, USA. https://cfpub.epa.gov/ncea/risk/recordisplay.cfm?deid=190187.

US EPA. 2016. *Pesticide cumulative risk assessment framework.* Washington, DC, USA. https://www.epa.gov/pesticide-science-and-assessing-pesticide-risks/pesticide-cumulative-risk-assessment-framework.

van Pelt, R., Jansen, S., Baars D. & Overbeek, S. 2021. Defining Blockchain Governance: A Framework for Analysis and Comparison. *Information Systems Management*, 38:(1) 21–41. doi: 10.1080/10580530.2020.1720046.

World Bank. 2019. Future of Food. Harnessing Digital Technologies to Improve Food System Outcomes. In: *World Bank*. Washington, DC, USA. Cited 14 July 2021. https://openknowledge.worldbank.org/bitstream/handle/10986/31565/Future-of-Food-Harnessing-Digital-Technologies-to-Improve-Food-System-Outcomes.pdf?sequence=1&isAllowed=y.

Yannis, F. 2018. A new era of food transparency powered by blockchain. *Innovations: Technology, Governance, Globalization*, 12(1–2): 46–56. https://doi.org/10.1162/inov_a_00266.

9 食品欺诈——重塑叙事

Bachmann, R. 2001. Trust, Power and Control in Trans-Organizational Relations. *Organization Studies*, 22(2): 337–365. https://doi.org/10.1177/0170840601222007.

Bindt, V. 2016. *Costs and benefits of the Food Fraud Vulnerability Assessment in the Dutch food supply chain.* Wageningen, The Netherlands, Wageningen University.

Elliott, C. 2014. *Elliott Review into the Integrity and Assurance of Food Supply Networks - Final Report.* London, UK, HM Government. https://assets.publishing.service.gov.uk/government/uploads/system/uploads/attachment_data/file/350726/elliot-review-final-report-july2014.pdf.

European Commission a. (n.d.). Food fraud: What does it mean? In: *European Commission.* Brussels, Belgium. Cited 8 November 2021. https://ec.europa.eu/food/safety/food-fraud/what-does-it-mean_en#:~:text=Food%20fraud%20is%20about%20%E2%80%9Cany,%2Dfood%20chain%20legislation)%E2%80%9D.

European Commission b. (n.d.). The EU Food Fraud Network. In: *European Commission.* Brussels, Belgium. Cited 8 November 2021 https://ec.europa.eu/food/index_en: https://ec.europa.eu/food/safety/agri-food-fraud/eu-food-fraud-network_en.

European Parliament. 2013. *Report on the food crisis, fraud in the food chain and the control thereof (2013/2091(INI)).* Brussels, Belgium, European Parliament. https://www.europarl.europa.eu/sides/getDoc.do?type=REPORT&reference=A7-2013-0434&format=PDF&language=EN.

European Union. 2020. The EU Food Fraud Network. In: *European Commission.* Brussels, Belgium. Cited 6 November 2021 https://ec.europa.eu/food/safety/food-fraud/ffn en.

FAO. 2016. *Handbook on Food Labelling to Protect Consumers.* Rome. https://www.fao.org/3/i6575e/i6575e.pdf.

FAO. 2020. *Legal mechanisms to contribute to safe and secured food supply chains in time of COVID-19.* Rome. https://www.fao.org/documents/card/en/c/ca9121en.

FAO. 2021. *Food fraud—Intention, detection and management. Food safety technical toolkit for Asia and the Pacific No. 5.* Bangkok. https://www.fao.org/3/cb2863en/cb2863en.pdf.

FAO & WHO. 2019. *Food control system assessment tool: Introduction and glossary.* Food safety and quality series No. 7/1. Rome. http://www.fao.org/3/ca5334en/CA5334EN.pdf.

Levi, M. 2008. Organized fraud and organizing frauds: Unpacking research on networks and organization. *Criminology & Criminal Justice*, 8(4): 389–419. https://doi.org/10.1177/1748895808096470.

Reilly, A. 2018. *Overview of food fraud in the fisheries sector.* FAO Fisheries and Aquaculture Circular(C1165). Rome, FAO. https://www.fao.org/documents/card/en/c/I8791EN/.

Roberts, M., Viinikainen, T. & Bullon, C. Forthcoming. *International and national regulatory strategies to counter food fraud.* FAO. Rome.

Shears, P. 2010. Food fraud—a current issue but an old problem. *British Food Journal*, 198–213. doi: https://doi.org/10.1108/00070701011018879.

UK Government, Department for Environment, Food and Rural Affairs. 2014. *Government response to the Elliott review of the integrity and assurance of food supply networks.* OGL. https://assets.publishing.service.gov.uk/government/uploads/system/uploads/attachment_data/file/350735/elliott-review-gov-response-sept-2014.pdf.

Yale Law School. 2008. The Code of Hammurabi. In: *The Avalon Project.* New Haven, Connecticut, USA. Cited 1 November 2021. https://avalon.law.yale.edu/ancient/hamframe.asp.

Zucker, L. G. 1986. Production of trust: Institutional sources of economic structure, 1840–1920. *Research in Organizational Behavior,* 8: 53–111. https://psycnet.apa.org/record/1988-10420-001.

10 总结

FAO. 2020. *Climate change: Unpacking the burden on food safety.* Food Safety and Quality Series No. 8. 176 pp. https://doi.org/10.4060/ca8185en.

FAO. 2021a. *FAO Strategic Framework 2022 – 31*. https://www.fao.org/3/ne577en/ne577en.pdf.

FAO. 2021b. *The outline and roadmap of the "FAO Science and Innovation Strategy"*. FAO Council. Hundred and Sixty-eighth Session. 29 November – 3 December 2021. https://www.fao.org/3/ng734en/ng734en.pdf.

Joint Tripartite (FAO, OIE, WHO) & UNEP. 2021. *Tripartite and UNEP support OHHLEP's definition of "One Health"*. Rome, FAO. https://www.fao.org/3/cb7869en/cb7869en.pdf.

图书在版编目（CIP）数据

思考食品安全的未来：前瞻报告 / 联合国粮食及农业组织编著；常耀光，李丹，李振兴译．—北京：中国农业出版社，2023.12

（FAO中文出版计划项目丛书）

ISBN 978-7-109-31204-3

Ⅰ.①思… Ⅱ.①联… ②常… ③李… ④李… Ⅲ.①食品安全—研究报告 Ⅳ.①TS201.6

中国国家版本馆CIP数据核字（2023）第191080号

著作权合同登记号：图字01-2023-3973号

思考食品安全的未来：前瞻报告

SIKAO SHIPIN ANQUAN DE WEILAI：QIANZHAN BAOGAO

中国农业出版社出版

地址：北京市朝阳区麦子店街18号楼

邮编：100125

责任编辑：郑 君

版式设计：王 晨　　责任校对：吴丽婷

印刷：北京通州皇家印刷厂

版次：2023年12月第1版

印次：2023年12月北京第1次印刷

发行：新华书店北京发行所

开本：700mm × 1000mm　1/16

印张：12

字数：230千字

定价：89.00元

服务电话：010-59195115　010-59194918